零基础玩转手机美图 plog

畅斯Changs©编著

化学工业出版社

·北京·

内容简介

plog就是photolog（照片日志），也就是在照片上写一些生活感言、零碎心情，再用一些简单的线条、贴纸对照片进行二次创作，一张满满故事感的plog就做好了。因为plog操作容易，简单易上手，用plog发照片已经逐渐成为一种普遍现象。plog不仅是当下非常流行的照片形式，更是这个时代的一种生活方式。

《零基础玩转手机美图plog》全书分为两篇，分别适合新手小白零基础入门和高手进阶。第一篇有3章，第1章为美图plog修图快速入门；第2章为美图plog的常用技巧；第3章为用手机自带图片编辑系统制作plog。第二篇有4章，内容有第4章为PicsArt美易照片编辑plog；第5章为黄油相机编辑plog；第6章为美图秀秀编辑plog；第7章为醒图编辑plog。其中包含了大量特色的手机美图plog案例和技巧提示，教读者如何用手机自带的编辑系统修图、如何用手机软件完成修图，让读者快速熟悉plog的小窍门，体会自己用手机修图所带来的成就感！

本书难度较低，适用范围广，配以详细的步骤来解析案例，同时，随书附赠精心录制的在线教学视频，便于热爱生活、喜欢分享生活，或对plog感兴趣的读者参考。

图书在版编目(CIP)数据

零基础玩转手机美图plog / 畅斯Changs编著. —北京：化学工业出版社，2022.5
ISBN 978-7-122-40972-0

I.①零… II.①畅… III.①图像处理软件 IV.①TP391.413

中国版本图书馆CIP数据核字（2022）第040573号

责任编辑：王清颢　张兴辉　　　　文字编辑：林　丹　沙　静
责任校对：李雨晴　　　　　　　　装帧设计：异一设计

出版发行：化学工业出版社（北京市东城区青年湖南街13号　邮政编码100011）
印　　装：天津图文方嘉印刷有限公司
710mm×1000mm　1/16　印张14　字数303千字　2023年1月北京第1版第1次印刷

购书咨询：010-64518888　　　　　　售后服务：010-64518899
网　　址：http://www.cip.com.cn
凡购买本书，如有缺损质量问题，本社销售中心负责调换。

定　　价：98.00元　　　　　　　　　　　　　　　版权所有　违者必究

前　言

生活节奏太快，总有些心头的小震颤一闪而过。

手机里堆积了太多的照片，点开一张，竟想不起当时拍下的心情。

还有那些来不及写下的话，也都逐渐消失在日夜的更迭中。

时代的节奏让我们越来越忙于奔跑，不过值得庆幸的是，它也带给我们一些崭新而有趣的东西。

在少用纸笔的年代，我们用手机记录生活，一张照片配上只言片语就可以记下特别的一刻。

2005年开始，在我国流行起来的blog——web log（网络日志），也就是"博客""部落格"，让很多人开始在网络上分享自己的想法、日常生活或一些文学作品。人们开始建立网络社群，在网络上社交。

2009年，"新浪微博"推出内测版，人们可以用更少的文字发布动态，甚至可以只用图片表达心情，"微"时代真正到来了。当"刷"微博逐渐成为人们的日常习惯之一后， 2019年vlog（即vediolog，视频日志）开始流行，很多人开始用视频的形式记录自己的生活、旅行、探店、穿搭、测评等。

不过制作一个vlog通常耗时耗力，前期可能需要编写脚本，之后录制一条或多条视频，后期需要剪辑，添加字幕、音乐、配音，做片头片尾等。完成一个vlog少则几个小时，多则几天甚至更久。

于是更加简便、易操作、耗时短的plog就出现了，比起繁琐的vlog，plog就简单很多了，只要你有照片和几个修图App，几分钟就能搞定。

plog就是photolog照片日志，也就是在照片上写一些生活感言、零碎心情，再用一些简单的线条、贴纸对照片进行二次创作，一张满满故事感的plog就做好了。plog不仅是当下非常流行的照片形式，更是这个时代的一种生活方式。

一个晴朗的午后，一朵软绵绵的云，一条沉寂了整个冬天的裙子，一份不怎么美味却做了好几个小时的自制午餐，一次"蓄谋已久"和三五好友的遥远旅行，一个辗转反侧无法入眠的夜晚……都可以用照片和几行文字记录下来。这记下的不仅是我们生活的瞬间，更是那一秒生命中特别的我们。

用心过的生活，连平平无奇的日常小事，也可以闪闪发亮。

本书难度较低，适用范围广，配以详细的步骤来解析案例，同时，随书附赠精心录制的在线教学视频，便于热爱生活、喜欢分享生活，或对plog感兴趣的读者参考。

相信通过对本书的学习，大家都可以做出各种形式的plog，更好地记录下生活的点点滴滴。

编著者

2022年5月

目 录

第一篇：美图plog修图零基础入门

第 2 章
美图plog的常用技巧

第 3 章
用手机自带图片编辑系统制作plog

第二篇:美图plog修图高手进阶

第 4 章
PicsArt美易照片编辑plog

目 录

第 **5** 章
黄油相机编辑plog

第 **6** 章
美图秀秀编辑plog

目 录

第 **7** 章
醒图编辑plog

第一篇：美图 plog 修图零基础入门

第 1 章 美图 plog 修图快速入门

本章主要介绍美图 plog 的常见分类，美图 plog 的上手指南，4 种软件搞定日常 plog，Procreate 手绘 plog，制作美图 plog 的基础以及用智能手机分享作品的方法。

1.1 美图 plog 的常见分类

plog 的分类有很多，适用于不同类型的照片。照片通过再创作可以呈现出不同的质感与氛围。

当下比较常见的 plog 分类大致有 7 种，下面我们将一一展示。

1.1.1 电影类

电影类 plog 是非常有氛围感的，将普通的生活照调成 16∶9 的电影比例，加上黑色边框和中英文字幕，瞬间就能把日常生活照片变成电影画面（图 1－1）。制作方法详见章节 5.3。

图 1－1

1.1.2 涂鸦类

涂鸦类 plog 是最常见的 plog 类型之一。这种类型的 plog 很有生活气息，手绘的字体、简单俏皮的线条、拟人化的表情，都能让一张生活照变得妙趣横生，个性十足（图 1－2）。制作方法详见章节 5.6。

图 1－2

1.1.3 手账类

手账类 plog 通常运用手绘元素和纸质效果，制作出像在本子上记日记一样感觉的照片。制作时，我们可以将自己的照片粘贴其中，记录一天的点滴日常（图1－3）。制作方法详见章节6.4。

图1－3

1.1.4 拍立得类

拍立得类 plog 是一种仿即时成像相纸效果的 plog。它通常有个白色的边框，色调为胶片质感，气氛更加浓郁，再搭配一些手写字、贴纸等，制作出的 plog 比较有个性（图1－4）。制作方法详见章节4.7。

图1－4

1.1.5 手机界面类

手机界面类 plog 属于一种氛围类 plog，在取景中加上手机取景框或摄像界面，呈现出图片在手机中的场景，传达一种即刻的感受（图1－5）。制作方法详见章节5.5。

图1－5

1.1.6 贴纸拼贴类

贴纸拼贴类 plog 是最常见也是使用率最高的 plog 类型之一。各种修图 App 都自带大量贴纸，有可爱的、炫酷的、手绘的、实物的，各种类型应有尽有。在照片中加入贴纸元素，并做简单的拼贴，就能让照片与众不同（图1－6）。制作方法详见章节6.5。

图1－6

1.1.7 海报类

海报类 plog 能让照片变成一张高级感十足的海报。给照片加上硕大的标题，底部加入一些排列整齐的小字，还可以再加入一些纸质的纹理，普通的照片也能变成故事感十足的大片（图 1 – 7）。制作方法详见章节 7.7。

图 1 – 7

1.2 美图 plog 的上手指南

有时我们看到一些 plog 照片的上面有很多文字、贴纸，会觉得做一个这样的 plog 一定很难吧。其实 plog 是非常适合小白（新手）快速上手的一种二次创作形式，只需简单 3 步，就能制作完成一张好看的 plog。

1.2.1 基础修图

在制作 plog 前，我们需要先简单修图，如果你喜欢"原汁原味"的照片也可以完全忽略此步骤。

修图并不难，每个手机都自带修图功能。最简单的修图方法就是使用"自动"功能，系统会根据照片的亮度、曝光度、色彩饱和度等去自动调节，调节后的照片往往更加清晰明朗（图 1 – 8）。

图 1 - 8

日常修图主要是调整曝光度、鲜明度、亮度、对比度等。这些可以帮我们解决一些基础问题，比如原照片过亮或过暗；照片色彩过于单一；照片不够通透，像蒙着一层雾气等（图1-9）。

当然还有一些更加进阶的方法，如可以改变照片的原始色调，让照片换一种氛围，后文中会具体讲到。也可以通过滤镜实现照片的一些效果（图1-10）。

【提示】拍照前记得擦一下手机摄像头！

图 1 - 9　　　　图 1 - 10

1.2.2 调整比例

在开始贴图或写文字之前，先调整照片比例，可以更好地把控排版布局，根据想做的 plog 类型调整适合照片的长宽比。以下给出一些比例参考。

（1）电影类 plog 的常用比例 16:9、3:2（图 1 – 11）。

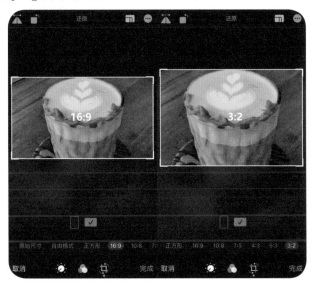

图 1 – 11

（2）手账类 plog 的常用比例 1:1（图 1 – 12）。

（3）拍立得类 plog 的常用比例 3:4（图 1 – 13）。

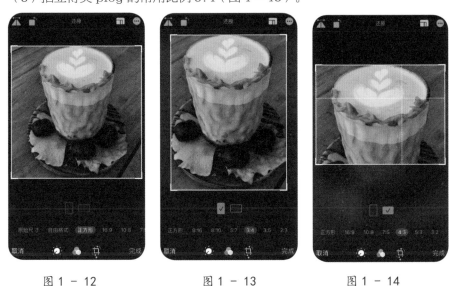

图 1 – 12　　　　　　　　图 1 – 13　　　　　　　　图 1 – 14

（4）其他适合 plog 的常用比例 4:3（图 1 – 14）。

1.2.3 添加贴纸、涂鸦及文字

调整好比例后，就可以选择一些喜欢的贴纸、涂鸦添加到照片上，再加入一些简单的文字，一张 plog 就完成了（图 1 – 15）。

图 1 – 15

当然，我们还可以从各款 plog App 上直接选择喜欢的模板，一键生成 plog，更加方便快捷。

1.3 4 种软件搞定日常 plog

如今，制作 plog 已经被越来越多的年轻人所喜爱并应用。plog 不仅能让照片更好看，而且做起来真的很方便！只要使用美图 App 里的模板、贴纸、文字、画笔等工具，手指点一点，1 分钟或 2 分钟就能轻松制作出一张好看的 plog。

制作 plog 常用的 App 有 PicsArt 美易、黄油相机、美图秀秀、醒图等（图 1 – 16）。这些 App 都可以满足日常制作 plog 的需求，虽然基础功能相近，但每款 App 都各具特色，能做出不同感觉的 plog。在后面的章节中将针对这 4 款 App 的应用做更加具体的讲解。

图 1 – 16

1.3.1 PicsArt 美易

PicsArt 美易是一款功能齐全的美图 App。它像一个简化版的 Photoshop，拥有很多 Photoshop 的修图功能，如 RGB 通道、变形、调整大小数值等。它也像一个升级版的 Photoshop，不仅有基础修图工具，还有滤镜、贴纸等功能。

使用 PicsArt 美易不需要掌握大量专业知识，第一次使用 PicsArt 美易也只要几分钟就能轻松上手。

比起其他美图 App，PicsArt 美易更注重创意、想象力，使用 App 中的线条、特效、分散等特殊功能，可以制作出与众不同、富有艺术感的照片（图 1 – 17）。

图 1 – 17

在这款 App 内还可以欣赏到来自世界各地使用者们制作出的艺术作品，这也使它不仅仅是一个美图 App，还是一个创意共享的交流平台（图 1 – 18）。

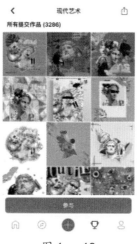

图 1 – 18

如果你想制作一款与众不同、富有艺术感的 plog，PicsArt 美易是最好的选择之一。

1.3.2 黄油相机

黄油相机是一款很可爱的美图 App，它拥有海量的 plog 制作素材，其中包括贴纸、滤镜、字体等。

黄油相机的贴纸以可爱的卡通风格为主，其中很多是与国内插画师合作出品的，样式非常适合学生使用。还有很多新锐贴纸，很符合当下潮流趋势（图 1 - 19）。

它的滤镜风格为清新、温和、年轻，制作出的照片以明快色调为主，使用黄油相机可以轻松做出 ins 风、糖果风、手账风的 plog（图 1 - 20）。

黄油相机的字体库也非常强大，中、英、日、韩字体都有，还有很多样式好看的花体字，很多时候只给照片加上一些文字，就能好看加倍（图 1 - 21）。

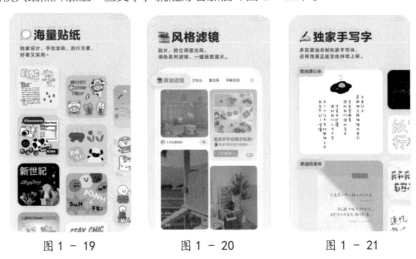

图 1 - 19   图 1 - 20   图 1 - 21

如果你想制作一款甜美可爱的 plog，黄油相机是不二之选。

1.3.3 美图秀秀

美图秀秀是一款以人像精修为主的美图 App，不仅可以拍摄超美人像，还可以对人像照片进行二次编辑，如微调面部、上妆、换发色等，号称"医美级的 App"，使用它便可以制作出完美容颜 plog（图 1 - 22）。

除了强大的美颜功能，美图秀秀也拥有很多其他美化功能，如涂鸦笔、文字、边框、贴纸、马赛克等，还有丰富的修图配方，可一键修图。无论什么样的场景照片都可以在美图秀秀里进行二次创作（图 1 - 23）。

美图秀秀的多图拼接功能也是其特色之一，大量好看的拼图模板可以任意选择，图片连接方式可以随意调整。

自拍照、穿搭照、闺蜜照、朋友聚会照，用美图秀秀来制作 plog 再好不过啦。

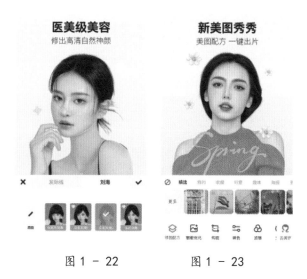

图 1 - 22　　　　　图 1 - 23

1.3.4 醒图

　　醒图是一款色调高级的美图 App。使用醒图制作出的照片，颜色沉稳、质感丰富、韵味十足。

　　醒图的滤镜是这款 App 最大的特色之一，它的滤镜以暗色调为主，无论是褐色、蓝色还是其他颜色，都能打造出一种高级的质感（图 1 - 24）。

　　它的特效功能也很特别，可以制作出复古 DV、塑料、纸张、监控、默片等特殊效果，让照片更有场景感和故事性。

　　它的模板也紧跟潮流，时下最热剧集、综艺的相关模板也可以及时获取（图 1 - 25）。

　　如果你想制作一款如高级杂志一般的 plog，使用醒图你绝不会失望。

图 1 - 24　　　　　图 1 - 25

1.4 Procreate 手绘 plog

手绘 plog，顾名思义，就是需要使用相关的绘画工具完成的手绘涂鸦风格的 plog。

绘画工具类型越来越丰富，同时绘画工具也在不断地改进和革新，iPad 逐渐成为广大绘画爱好者的新工具。

用 iPad 绘画最大的好处就是携带方便，可以更自由、更方便地进行创作。最近几年 iOS 平台出现了几款"重量级"的绘画 App，特别是随着 iPad Pro 和 Apple Pencil 的到来，越来越多的人开始尝试用 iPad 来进行数码绘画。人们通过 iPad 绘画重新找到了儿时涂鸦时的快乐感觉，用 iPad 创作出赏心悦目的专业作品不再是什么难事。

什么型号的 iPad 可以用来绘画呢？一般 iPad3、iPad4、iPad mini、iPad Air 及后续版本（但不是所有型号都可以用 Apple Pencil）都是可以用来绘画的。而 iPad3 之前的产品，不仅不支持蓝牙，而且硬件性能低，很多 App 也运行缓慢，所以不适合用来绘画。对于美术专业或者 iPad 绘画爱好者来说，大尺寸的 iPad 是梦寐以求的终极绘画工具。

iPad Pro 示意见图 1 – 26。

图 1 – 26

那么新手应该如何选择适合自己的 iPad 呢？下面列举了不同系列 iPad，以供大家参考（图 1–27）。

图 1 - 27

  Procreate 是一款安装在 iPad 上的数字绘图应用（也有苹果手机版），支持多种触控笔和手指绘画，绘画体验比较轻松、美妙，被广泛应用于插画设计、游戏设计、艺术设计等领域（图 1 – 28）。

图 1 - 28

本节主要针对 Procreate 绘画软件手绘 plog 的应用进行介绍。

1.4.1 图库界面

  Procreate 的工作界面看似简单，但其将在数字绘画中常用的功能（画笔调节、图层切换、工具选择等）高度集成在界面两侧以及上方的按钮当中，为创作者保留了最大化的绘画区域。按钮的位置也适应平板设备的使用场景，创作者在绘画中可以灵活使用触摸屏进行双手手势的操作，大大提高工作效率。

打开 Procreate 绘画软件，直接进入图库界面。在这个界面当中，可以进行作品的建立、管理以及导入、导出等工作（图 1-29）。

图 1-29

1.4.2 绘图界面

下面为大家介绍如何用 Procreate 软件自带的笔刷手绘 plog。

（1）运行 Procreate，导入一张猫咪照片作为素材（图 1-30）。

（2）选择白色，选择"绘图"画笔中的"6B 铅笔"笔刷，通过右侧的滑动条调整笔刷的大小和不透明度，在猫咪身体轮廓的周围画出主要结构的线条，例如耳朵、爪子等（图 1-31）。

（3）在猫咪身上和右下角空白处分别画出对话框，并添加手写文字"喵？？""哈哈！"一张简单的手绘 plog 就绘制完成了（图 1-32）。

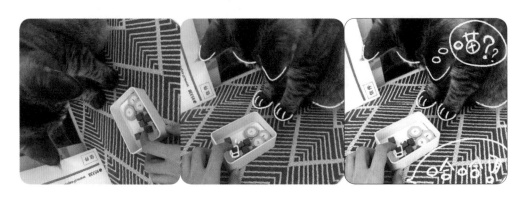

图 1-30   图 1-31   图 1-32

下面为大家展示两种同类型的简单线条手绘描边风格 plog 的效果图（图 1-33）。

图 1 - 33

【提示】iPad 绘画一般需要结合 iPad Pro 和 Apple Pencil 使用。iPad Pro 是苹果公司发布的一款产品，常常与 Apple Pencil 配合使用。Apple Pencil 是一款智能的触控笔，它的功能非常强大，不仅可以外接电源线进行充电，而且可以插在 iPad Pro 上面充电，在手写功能上面借助了蓝牙技术和笔尖的触控技术，能够非常精确地感知位置、力度和角度，还可以精确还原笔迹，特别适合直接在 iPad Pro 上绘制插画。

1.5 制作美图 plog 的基础

做 plog 的第一步就是简单修图，修图不仅可以让照片更美，还可以通过色调的调整，更好地表达自己想要的氛围。

修图最简单的方法就是使用滤镜。但若想做更个性化的调节，我们也可以通过调整曝光度、对比度、饱和度等达到想要的效果。

我们的手机一般都自带修图工具，打开一张照片，点击"编辑"就可以对照片进行调节了，各种 App 做基础调节的工具都差不多，下面我们就以黄油相机的"调节"为例，对几款基础修图功能进行讲解。其他 App 同样适用。

1.5.1 曝光

曝光可以理解成窗户打开的大小。高曝光，就像窗户开得大，进来的光就多，照片也就越亮。相反，低曝光，就像窗户开得小，进来的光线少，照片就越暗（图 1 - 34）。

图 1 - 34

（1）高曝光：常用于日系清新风。

（2）低曝光：常用于理光胶片风。

1.5.2 对比度

对比度越高，照片越清晰，色彩越鲜明艳丽，黑色的地方更暗，白色的地方更亮。高对比度就像去雾一样，能见度变高。但切忌将对比度调整过高，否则会导致照片失真。相反，对比度低，照片灰度高，颜色不分明，同时有种陈旧感（图 1 - 35）。

图 1 - 35

（1）低对比度：常用于过期胶片风。

（2）高对比度：常用于数码相机风。

1.5.3 饱和度

饱和度是指色彩鲜艳程度，也称色彩的纯度。饱和度越高，颜色越鲜艳，饱和度越低，颜色越暗淡。调整时切忌饱和度过高，使照片失去明暗关系，成为一张"假"照片（图 1 - 36）。

图 1 - 36

（1）高饱和度：常用于青春活力风。

（2）低饱和度：常用于高级复古风。

1.5.4 颗粒

加入噪点，画面虽没有那么清晰，但会有一些胶片的质感，有时间杂陈的味道（图 1 - 37）。

图 1 - 37

颗粒感常用于复古胶片风。

1.5.5 模糊

圆形光圈模糊效果。圆圈框住的部分是清晰的，四周渐进模糊。圆圈大小可自由调节，模糊程度亦可调节。这种效果可用于区分画面的主次，将画面主体与背景区分开，也可运用突出某个重点部分使用（图1-38）。

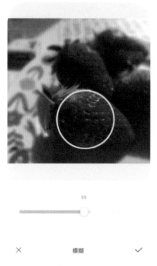

图 1 - 38

1.5.6 色温

色温是指色彩的温度，色温高就像有阳光很温暖，画面为暖色调。色温低就像阴雨天，画面为冷色调（图1-39）。

图 1 - 39

（1）色温高：给人的感觉像是暖色调的午后阳光。

（2）色温低：给人的感觉像是冷色调的阴雨天。

1.5.7 色调

色调是指色彩的调性，调向右边，色彩偏紫红色，更加浪漫。调向左边，色彩偏绿色，更像富士胶片（图1-40）。

图 1 - 40

1.5.8 HSL

　　HSL 功能可以单独调节画面中各种颜色的色相、饱和度、明度。比如想让蓝天更蓝，就调节蓝色，想让花朵更红就调节红色。这个功能可以只针对某种颜色单独调整，而不影响其他颜色（图 1 - 41）。

图 1 - 41

　　（1）突显某种颜色：将其他颜色饱和度降低，明度调暗。

　　（2）不突显某种颜色：调整该颜色的色相。

1.5.9 高光

　　对高光的部分进行减淡调节，画面会显得更加温柔，不刺眼（图 1 - 42）。

图 1 - 42

1.5.10 阴影

对阴影部分进行补光，使暗部不至于过暗，整体照片更"靠前"，更亮（图1-43）。

图 1 - 43

1.5.11 暗角

画面中的四个角加入暗角，呈现出 LOMO 相机的复古质感，同时可以更突出画面的中心部分（图1-44）。

调整好照片后，点击"去保存"—"保存并发布"，可以发布自己的滤镜模板，之后可以直接使用此模板，另外右上角可以设置公开或私密。

了解了基础修图工具后，下面大家可以试着调整出几种照片风格。

图 1 - 44

（1）日系小清新风　日系小清新风通常给人一种轻薄温和的感觉，画面会比较亮，所以曝光度要调高，但颜色通常比较淡，所以饱和度、对比度都要调低一些（图1-45）。

（2）质感胶片风　质感胶片风的照片通常因色调特别，而更具有故事感，在调节时色调偏蓝绿，可通过色温和高光进行调节（图1-46）。

（3）高级数码风　高级数码风前景突出，背景虚化，颜色更鲜亮，可通过模糊工具以及对比度进行调节（图1-47）。

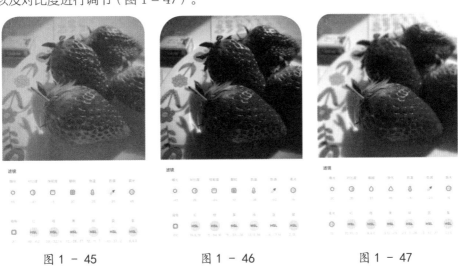

图 1 - 45　　　　　　　　图 1 - 46　　　　　　　　图 1 - 47

1.6 用智能手机分享作品的方法

制作完成 plog 后，不仅可以上传到微信朋友圈与好友分享，还可以上传到其他自媒体平台，和更多人分享日常。

下面给大家简述几个适合上传 plog 的自媒体平台和注意事项。

1.6.1 微博

微博是一个相对开放的平台，我们可以在上面看到很多实时新闻、娱乐新闻、微博用户的生活日常。微博的多图上传模式也非常适合应用于 plog（图 1 – 48）。

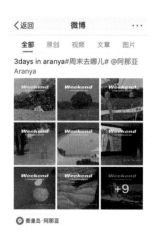

图 1 – 48

点开微博，直接点击顶部右上角的"⊕"选择"▣"即可上传图片，见图 1 – 49。

图 1 –49

图片上传最多 18 张。在展示页上最多显示 9 张，剩余图片将隐藏，在最后一张图上显示隐藏图片的数量。选好图片后，点击"▬"（图 1 – 50），即可进入编辑界面。

在编辑界面可以使用滤镜、裁剪、添加文字和贴纸等做进一步画面调整（图1－51）。调整好后点击"下一步(16)"即可进行文字内容的输入，输好文字后，点击"发布"即可（图1－52）。

图1－50　　　　　　图1－51　　　　　　图1－52

【技巧】如何增加照片的曝光度

方法1：照片增加标签。

在照片编辑界面，点击"🏷"即可添加标签，标签内容可以是话题、好友、地点、商品等（图1－53）。

图1－53

方法2：文字增加话题。

在文字编辑界面点击"＃"，可以让照片进入到相关话题中，让此话题下更多人看到照片。话题可以选择"旅游""美食""摄影""情感""萌宠"等类目（图1－54）。

图 1 - 54

方法 3：文字 @ 大 V。

在文字编辑界面点击"@"，可以 @ 与照片内容相关的大 V（指微博上十分活跃又有着大群粉丝的用户），也可以增加曝光度。例如 plog 内容是有关旅行的，可以 @ 旅行地的大 V（图 1 - 55）。

图 1 - 55

方法 4：文字标注地点。

在文字编辑界面点击左下角"⊙ 在哪拍的?"，可以直接标注所在地，也可以通过搜索框，搜索关键词，标注地点（图 1 - 56）。

图 1 - 56

【提示】上传 1 张图片时照片将按原始比例呈现在页面上，上传 2 张或 2 张以上照片时，照片都将以正方形展示在界面上，点开照片会看到完整比例的照片。

1.6.2 小红书

小红书是一个图片质量很高的分享推荐平台，我们也可以在里面分享好看的 plog 记录生活（图 1 - 57）。

阿那亚戏剧节

刚刚

图 1 - 57

点开小红书 App，点击界面底部"添加"按钮➕就可以上传照片了，一次上传最多 9 张（图 1 - 58）。

选好照片后点击"下一步"，即可进入照片编辑界面，在这个界面可以为照片增加滤镜，以及加入贴纸、配乐等，进一步美化照片（图1–59）。

图1 – 58　　　　　　　　图1 – 59

在这个界面点击"🏷"，可以为照片添加标签，增加曝光度。在搜索框直接输入关键词即可，标签内容可为地点、品牌、商品、影视、书籍、用户等（图1–60）。

图1 – 60

调整好后点击"下一步"就可以进行文字内容的编辑了，可以为照片增加标题和正文。在这个界面也可以增加话题、标注地点，增加曝光度。全部编辑好后点击"发布笔记"即可（图1–61）。

图 1 - 61

【提示】小红书笔记是单张照片的展现形式，滑动才能看到后面的照片，所以第一张照片的选择相对比较重要，我们可以单独制作封面图，或者选择最好看的一张照片放在第一张。第一张照片的比例会影响后面所有照片的比例，例如，第一张照片比例为 3:4，那么后面的照片比例如果是 1:1 就会在两侧出现白边。所以如果追求更好的展示效果，可以将所有照片调整成相同比例再上传（图 1 - 62）。

图 1 - 62

1.6.3 微信

微信朋友圈是我们日常发布生活动态最常使用的 App 之一，在朋友圈也可以发布 plog 的照片，或许可以获得更多的点赞（图 1 - 63）。

图 1 - 63

发朋友圈的方法相信大家都非常熟悉了，只要点击朋友圈界面右上角的"▣"按钮即可，最多可上传9张照片（图1－64）。

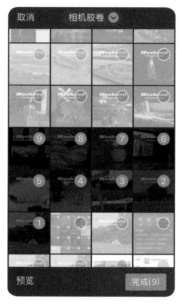

图1－64

有个小技巧分享给大家，现在朋友圈也可以增加话题了，在录入文字内容时，输入"#"，就可以增加话题，这样我们就可以为自己的照片归类，之后想查找同类型的照片只要点击"#话题"即可。

话题的设置方式可以是"旅行plog""美食plog""生活plog"等（图1－65）。

图1－65

第 2 章　美图 plog 的常用技巧

美图 plog 的制作模板琳琅满目，有手绘风、杂志风、复古风、电影风等。但在制作上都运用了很多相似的方法，大致有 5 种是日常使用率高且简单实用的技巧，下面我们将逐一讲解。

2.1 抠图：背景太乱就抠出主体

在日常摄影中我们通常比较随意，不会刻意去规整背景。有时背景太乱，有时背景不够好看。这个时候，拯救废片就靠"抠图"这个万能技巧了，将主体抠出，再调整或更换背景。

大多数修图 App 都有一键抠图功能，可自动识别照片中的主要人或物，不用手动一点点抠图，我们只需微调抠图选区边缘即可。

在本书中，我们介绍 3 款 App 的抠图方法，分别是美易、美图秀秀、醒图，具体抠图方法可参考章节 4.3、6.4、7.4。下面我们展示几个案例抠图前后的效果对比。

从图 2-1 左图中我们可以看出桌面背景比较凌乱，此时可以将前景抠出，将背景动态模糊。这样再看这张照片时，视线就会聚焦在前景的物体上，不会被背景所干扰了。图 2-1 中效果是使用美易 App 制作的。

图 2 - 1

图 2-2 左图中食物很诱人，但背景不够好看，这时我们可以把主体食物抠出，更换背景，并增加一些贴纸及文字，为它制作一款专属的美食海报。图 2-2 中效果是使用醒图 App 制作的。

图 2 - 2

图2-3左图的自拍照背景较为凌乱，可以将人物抠出，直接更换为可爱的背景，这种方法也适用于制作一些衍生产品，如头像、挂件、扇子等，图2-3中的效果是使用美图秀秀App制作的。

图2 - 3

学会了"抠图"这个技巧，无论什么样的照片，都能"重获新生"。

2.2 遮挡：搞怪涂鸦头像拯救表情

一拍照就做不好表情管理？好端端一张旅行照被表情毁了一切？没关系，只要修图App用得好，没有拯救不了的照片。方法也很简单，绝不是费时费力的面部精修，而是方便快捷的头像遮挡，可以局部覆盖，仅遮住没做好表情的位置，也可以全脸覆盖，直接换个头像，搞怪又可爱。

下面我们将分享几种搞怪涂鸦头像的照片效果。

2.2.1 动物头像——全脸遮挡

每款修图App都有"贴纸"工具，在这个工具里，有大量头像类的贴纸，可直接用于遮挡表情不好的照片。在挡脸贴纸中，动物头像非常受欢迎，不仅有小猫、小狗，还有小羊、小兔子、小熊等，每一款都可爱十足。

用了动物系贴纸，照片也可爱加倍了（图2-4）。

图2 - 4

2.2.2 复古头像——全脸遮挡

除了可爱的动物头像贴纸，复古艺术家头像贴纸也相当有趣，美式漫画质感，让照片复古回潮，给普通的照片增加几分艺术性与趣味性（图2-5）。

图2-5

【提示】以上两种贴纸都可以通过"挡脸"关键词，在各个App的贴纸搜索界面查找到（图2-6）。

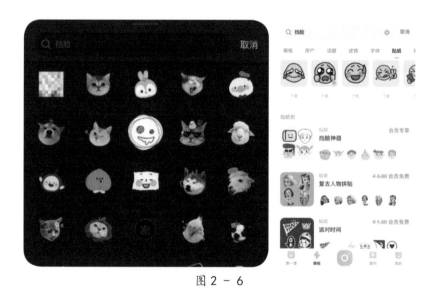

图2-6

2.2.3 装饰物——局部遮挡

除了头像类贴纸可对照片进行全脸遮挡，还可以使用一些装饰物类贴纸进行局部遮挡。比如眼镜、墨镜、卡通眼睛、英文、手绘涂鸦等贴纸，将它们放置在想要遮挡的位置上，即可达到遮挡效果（图2-7）。

图 2 – 7

局部遮挡贴纸的搜索方法依然是在贴纸界面搜索框输入相应关键词，如"眼镜""眼睛"等（图2–8）。

图 2 – 8

巧用此类遮挡贴纸，不仅能拯救表情不好的照片，还能给照片增加趣味性，是一举多得的修图技巧。

2.3 排版：图片加字拯救"废片"

就像黄油相机 App 介绍里写的一样，"图片与文字，就像面包与黄油，单独也可以很好吃，但没有黄油的面包，总觉得少点什么。"图片与文字相结合，一张普普通通的照片也能变得有"灵魂"。

各款修图 App 都自带"加字"工具，可以为照片增加文字。"加字"工具中的字体也很丰富，不仅有好看的中英文字体供大家自由选择，还有很多样式复杂、排版好看的花体字，可以让大家一键搞定文字排版。加了文字的照片即使不加任何滤镜，也能瞬间变得高端起来。

下面我们就展示几组不同类型文字添加在照片上的效果。

2.3.1 海报式文字

海报式文字通常可以选择一些样式特别、字形抢眼的字体，如英文手写体、中文粗体、有衬线的字体、带有特殊样式如描边阴影的字体等（图 2 – 9）。

在添加海报式文字时，可将文字放大，占据照片较大的面积，再搭配一些基础字体的多行小字，就可以制作出海报感十足的照片了（图 2 – 10）。

图 2 – 9　　　　　　　　　　图 2 – 10

【提示】多行小字的文字内容并不重要，它只是画面构图的一部分，以整体布局去看待它，调整每行文字的长度，做出视觉上最适合的外轮廓形状就可以了。

2.3.2 注解式文字

注解式文字通常可选择较为规整、样式简洁、无衬线的字体，这样的字体看上去更加清晰明朗，阅读起来没有视觉压力（图2－11）。

在使用时可以搭配一些箭头、虚线、曲线等贴纸，在照片中做指引和标注，从而更精准地传达照片想表述的内容（图2－12）。

图2－11　　　　　　　　　　　　　　图2－12

2.3.3 杂志式文字

杂志式文字可选择字体简洁大方的印刷体，这样的字体看上去更加高级、有档次，更能显现出画面的格调与韵味（图2－13）。

在使用时可将画面大面积留白，只搭配1～2行的文字，画面的高级氛围就能瞬间烘托出来（图2－14）。

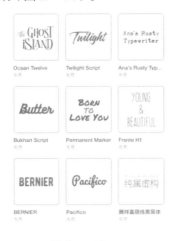

图2－13　　　　　　　　　　　　　　图2－14

2.3.4　日志式文字

日志式文字是做 plog 最常使用的文字形式之一，即在照片中加入对这张照片的描述或当下的心情。日志式文字可选择手写字体，像手账的风格，更加生活化（图2-15）。

在使用日志式文字时，每行文字不宜过多，因为手写体很容易显得画面凌乱，所以在文字排版时可多使用换行，每个短句占据一行，这样视觉效果会更加舒适（图2-16）。

图 2 - 15　　　　　　　　　　　图 2 - 16

2.3.5 标题式文字

在制作多张同一主题的照片时，可在其中一张主图上加入标题式文字，用以突出此组照片想表达的主旨。标题式文字通常可以选择 App 内已做好样式排版的花体字，这些花体字已拥有很突显的样式，只需更改文字内容即可（图2-17）。

在使用标题式文字时，要注意款式的选择。标题式文字的颜色与照片颜色最好区分开，可选择对比色或补色的文字标题，或有大面积纯色衬底的文字标题，这样的标题在画面中才能更为显眼。同色系标题很容易埋没在照片中，无法清晰识别，建议谨慎选择（图2-18）。

图 2 - 17　　　　　　　　　　　图 2 - 18

以上字体库来自黄油相机 App，在后面的章节中我们也将更加具体地讲解各款 App 文字工具的使用方法。

2.4 涂鸦：手绘风格日常 plog

在照片中进行手绘涂鸦几乎是当下制作 plog 无法或缺的一个环节。无论是穿搭、美食、萌宠、自拍，只要是生活中的照片，都可以加入手绘涂鸦。加入手绘涂鸦的照片更个性、更生动、更会"讲故事"。

下面就给大家展示几种不同类型的手绘涂鸦形式。

2.4.1 描画外轮廓

给人或物描画外轮廓，不仅可以强调描画的主体，还能让画面更有趣味性（图 2 - 19）。

描画外轮廓通常使用"画笔"工具，用实线或虚线直接描绘即可（图 2 - 20），具体方法可参考章节 4.4、7.6。

图 2 - 19

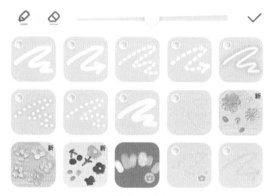

图 2 - 20

2.4.2 物品拟人化

给平凡的物品增加手、脚、眼睛，就能让它瞬间活灵活现，可爱加倍（图 2 - 21）。

制作拟人化物品可使用画笔与贴纸工具，直接在照片上绘制。贴纸可搜索关键词"涂鸦"，找到相关拟人化贴纸（图 2 - 22），具体使用方法可参考章节 5.6。

图 2 - 21　　　　　　　　　　　　　图 2 - 22

2.4.3 手绘风格贴纸点缀画面

在照片中加入手绘风格贴纸，可以让照片色彩更丰富，画面更活泼可爱（图 2 - 23）。

在选择贴纸时可以搜索关键词"手绘""涂鸦"等，即可搜索到如马克笔、彩色铅笔、丙烯颜料等不同风格的涂鸦贴纸（图 2 - 24）。

图 2 - 23　　　　　　　　　　　　　图 2 - 24

【提示】文字类贴纸可以放置在照片中物体周边，色块类贴纸可放置在照片四角，线条类贴纸可叠放在照片中物体边缘。

2.4.4 简笔画造景

使用简笔画贴纸，可以为平平无奇、画面单调的照片增加生动的元素，打造出绘画类手账的感觉（图 2 - 25）。

这类贴纸更适用于天空、海洋、草地等大面积纯色的照片，用以打破单一的画面，筛选时可搜索关键词"简笔画"，即可找到此类贴纸（图 2 - 26）。

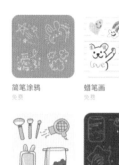

图 2 - 25   图 2 - 26

通过上面的案例我们也能看出，手绘涂鸦不一定要亲手去绘画，用一些好看的手绘涂鸦类贴纸依然可以制作出相应的效果。新手也不必担心自己画得不好，只要贴纸选得好，没有做不出的手绘涂鸦 plog。

案例中的贴纸库来自黄油相机，其他 App 也可使用同样的关键词进行贴纸搜索。

2.5 模板：特殊场景界面 plog

在修图 App 中，"模板"是使用率最高的工具之一，因为它使用方法简单，一键点击就能将好看的模板应用于自己的照片，无须自行调节色彩、排版加字，1 秒就能得到一张好看、有特点的照片。

在海量模板库中，有一些模板很特别，它们不止拥有好看的色彩、绝妙的文字，还拥有特别的场景，这些场景能让照片瞬间进入另一种奇妙的氛围之中。

这些场景模板有"车窗""摄像机""手机拍照界面""拍立得"等。它们将照片框在一个特别的画框中，以一种全新的视角让照片"重获新生"。

下面我们就分享以下几种场景模板制作出的照片效果。

2.5.1 车窗

无论是飞机的舷窗，还是火车、汽车的车窗，被窗框框出的画面就好像天然的一幅画一样。在旅行时刻，我们可能会想要拍摄这样的画面，但常常会遇到没有很好的角度将窗子照正、照全，没有很好的时机将窗外的景色照美，或者只拍了窗外景色没有照上窗子等情况。

这时我们都可以使用"车窗"模板，来弥补拍照时无法捕捉到的遗憾，把旅行时的氛围再次还原（图2-27）。

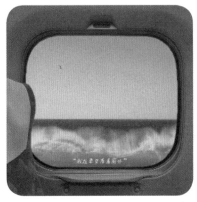

图2-27

除此之外，我们也可以将一些美好的画面安置在窗子之外，如大海、星空、草原、远山等，将一份美好的向往融入照片之中。

此类模板可在修图App模板库搜索关键词"车窗"即可（图2-28）。

图2-28

2.5.2 手机、相机取景框

在很多拍照的时刻，无论那时使用的是手机还是相机，在取景框里看到的画面往往倍加美好，这种美好就像把眼前的景色聚焦到一个黑色的画框中一样。黑色衬托得景致的色彩更加浓郁深邃（图 2 - 29）。

图 2 - 29

　　任何照片都可以添加到手机、相机取景框中，在使用的时候要注意画面的构图及比例，手机取景框通常为纵向构图，比例为 3：4，相机取景框通常为横向构图，比例为 4：3、3：2 等。手机取景框模板的其他使用方法可参考章节 5.5。

　　此类模板可在修图 App 模板库搜索关键词"相机"即可（图 2 - 30）。

图 2 - 30

2.5.3 拍立得

拍立得是一种即时成像相机，这种相机拍摄出的照片有一定的胶片色泽与质感，但因为是即时成像，所以一次成像效果并不能提前预测，拍得好与不好只能等相纸显像了才能知道。

拍立得相纸，一张要5元左右，拍摄成本还是比较高的，所以人们在拍摄时也会更加小心谨慎，不能像手机照片那样随意自由。想晒图时，通常还需要使用手机翻拍，再发送到社交媒体上。

相较于拍立得相机，各类修图App里的拍立得模板就方便太多了。不仅可以随意选择照片，还能选择拍立得相纸的尺寸、样式。套用好模板后可以直接发到社交媒体，少了翻拍的过程（图2－31）。

如果想要实体照片，也可以将套好拍立得模板的照片打印出来，虽然照片和真正拍立得相纸的质感有差别，但依然比普通的照片打印出来更好看、更特别，也是一种不错的选择。

此类模板可在修图App模板库搜索关键词"拍立得"即可（图2－32）。

图2－31　　　　　　　　　　　　　　　　图2－32

以上模板来自醒图App，也可在其他修图App模板库搜索同类关键词进行模板筛选。试着使用这些特殊场景模板，让你的照片大变样吧。

第 3 章　用手机自带图片编辑系统制作 plog

现在智能手机的拍照功能越来越强大，无论是像素还是焦段，都不比相机差。而且用手机拍照那么方便，人们也习惯了用它记录日常。

手机还有一个功能常常被大家忽视，就是手机自带的图片编辑功能，它可以给照片调色、更改比例和尺寸、涂鸦、加水印、加标注等。无论什么品牌的手机，都内置了强大的图片编辑功能，即使不使用修图 App 也可以制作出美图 plog。

下面我们就具体讲解下如何使用手机自带图片编辑功能制作 plog。

3.1 苹果手机：用画笔工具制作海报大片 plog

在苹果手机的照片编辑工具里，有一个很容易被忽视的"标记"功能，隐藏在图片右上角的""里。

点击"标记"按钮便可以看到，在这个功能下有各种画笔，使用这些画笔就可以在照片上绘制涂鸦，制作 plog。

下面我们就来讲解具体步骤。

扫码看视频课（1）

3.1.1 进入编辑调整界面和标记界面

（1）点击手机里的 "照片"应用，选择一张照片，点击右上角的"编辑"即可进入编辑界面（图 3 - 1）。

（2）进入编辑界面后，可以看到一些基础修图工具，例如调色、更改照片比例、滤镜等（图 3 - 2）。调色方法可参考章节 1.5。

图 3 - 1

图 3 - 2

（3）在这个界面的右上角可以看到""图标，点击此图标，界面会弹出"标记"选项（图 3 - 3），点击"标记"即可进入标记界面（图 3 - 4）。

图 3 – 3   图 3 – 4

3.1.2 制作海报标题

在"标记"界面可以看到下方共有4个画笔、1个橡皮、1把尺子和1个色环(图3–5)。使用这些工具可以直接在照片上进行涂鸦。

图 3 – 5

下面我们先讲解一下这几个工具的基础用法。

（1）"╬"：基础画笔　该画笔可以在照片上绘制有粗细变化的线条，点击此画笔可调整画笔线条粗细及透明度（图3–6）。

（2）"╬"：高亮画笔　该画笔可以在照片上标注重点，像马克笔一样呈现略宽的粗线条，点击此画笔可调整画笔线条粗细及透明度（图3–7）。

（3）"╬"：铅笔画笔　该画笔可以在照片上绘制出有铅笔质感的线条，点击此画笔可调整画笔线条粗细及透明度（图3–8）。

| 图 3 - 6 | 图 3 - 7 | 图 3 - 8 |

【技巧 1】如何正确画线条

（1）绘制一条线段时，画完先别抬起手指，长按屏幕一会儿，线段会自动优化成更光滑、笔直的线条。绘制几何图形如圆形、方形、三角形、五角星、爱心等，也可使用此方法进行线条优化（图 3 - 9），绘画时记得要一笔画完。

图 3 - 9

（2）绘制一条线段时，画到终点不要抬手，沿着此线段迅速向回画一条短线，将画出带有箭头的线段，箭头将出现在线段的终点位置（图 3 - 10）。

图 3 - 10

（3）"⌇"：选区画笔　该画笔可以圈选照片中绘制的线条，并对线条的位置进行调整。选择某一线条后长按还可删除、复制该线条（图 3 - 11）。

（4）"⌇"：橡皮擦　使用橡皮擦可以擦除照片中绘制的线条，点击橡皮擦可以切换"像素橡皮擦"或普通"橡皮擦"。

图 3 - 11

"像素橡皮擦"可以擦除部分线条，普通"橡皮擦"将擦除整根线条（图 3 –12）。

图 3 - 12

（5）"▯"直尺　使用直尺可以在照片中绘制直线，不仅如此，根据尺子的刻度，还可以画出长度更精准的线段。双指旋转尺子可 360°改变尺子角度，单指按住尺子可拖拽尺子位置（图 3 - 13）。

图 3 - 13

（6）"●"色环　点击色环可以更改画笔的颜色，颜色选择方法有 4 种，"网格""光谱""滑块"以及"吸管"。

"网格"可以直接选择色块中的颜色，"光谱"可以自由选择任意颜色，"滑块"

可以通过 RGB 数值更精准地调整颜色，"吸管"可以吸取照片中的颜色（图 3 – 14）。

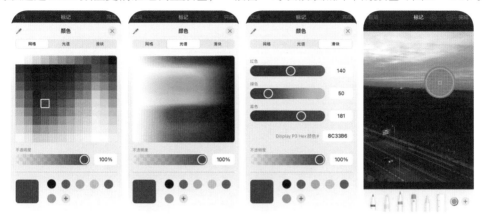

图 3 – 14

【技巧 2】如何使用选区画笔

选区画笔可以识别出不同颜色、质感的线段，圈选某一线条没有重叠的位置，即可单独选中一个线条[图 3 – 15(a)]；圈选交叠位置时将同时选中多个线条[图 3 – 15(b)]。

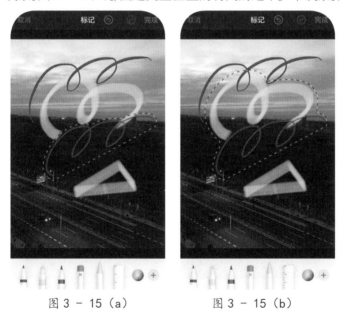

图 3 – 15（a）   图 3 – 15（b）

3.1.3 绘制照片标题

讲解完这几个工具的基础用法，我们就可以用它们来绘制照片标题。

步骤 01：点击"基础画笔" ，将画笔调整到最粗，点击色环 ，将颜色调整为白色。在照片上用手指写出标题文字 [图 3 – 16(a)]。

步骤02：点击"高亮画笔" ，从色环上选择一个较为明亮的颜色，在标题文字下部画线，做点缀 [图 3 – 16（b）]。

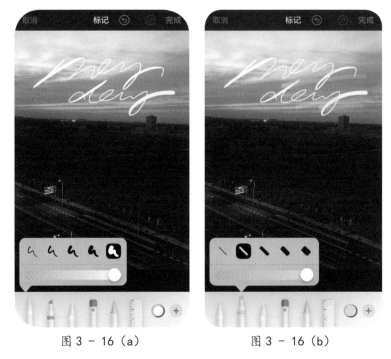

图 3 – 16（a）　　　　　　　　图 3 – 16（b）

3.1.4 加多行文字衬托

步骤01：为了使照片更像海报，我们可以在照片底部增加多行小字，使排版结构更加完整。

点击"标记"界面底部最右侧" "按钮，选择"文本"工具（图 3 – 17）。

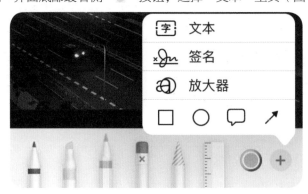

图 3 – 17

步骤02：双击文本框修改文字内容。修改好文字内容后，可点击界面底部" "按钮，修改文字字体、字号及对齐方式。点击" "可修改文字颜色及调整文字透明度（图 3 – 18）。

步骤03：调整好后，将多行文字放在照片底部即可（图3-19）。

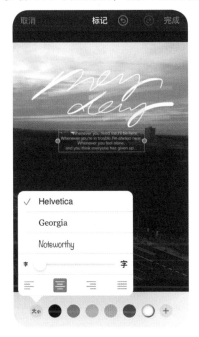

图3-18

图3-19

这样用系统自带画笔工具制作的海报plog就做好了，不使用其他修图App也可以做到。

3.2 苹果手机：用多倍放大器制作大头plog

除了上面讲的画笔工具，苹果手机还有一个很少有人注意到的照片编辑工具，那就是"放大器"，这个功能同样隐藏在"🔘"的"标记"里。

放大器工具除了可以将照片上的部分内容放大，还可以如何使用呢？

下面我们就来讲解一下，使用放大器工具如何制作plog。

3.2.1 选择照片并进入编辑界面

点击手机里的"照片"应用，选择一张有人物或动物的照片，在这里，我们选择一张宠物猫的照片。点击右上角的"编辑"按钮即可进入编辑界面（图3-20）。

图 3 - 20（a）   图 3 - 20（b）

3.2.2 进入标记界面并选择"放大器"工具

步骤 01：在编辑界面右上角可以看到"▣"图标，点击此图标界面会弹出"标记"选项，点击"标记"即可进入标记界面（图 3 - 21）。

图 3 - 21

步骤 02：在"标记"界面点击底部最右侧"+"选择"放大器"工具［图 3 - 22（a）］。照片中出现一个圆形放大镜，我们把放大镜放置在猫咪头部的位置，照片中的猫咪就呈现一个可爱的大头效果［图3－22（b）］。

图3－22（a）　　　　　　　　图3－22（b）

3.2.3 调整放大器

步骤01：在放大器的边缘有两个圆点，一个绿色，一个蓝色。

按住绿色圆点并沿着圆形外边向右下滑动，可改变放大器的放大倍数（图3－23）。按住蓝色圆点并拖拽可改变放大器外轮廓的大小（图3－24）。

图3－23　　　　　　　　　　图3－24

步骤02：点击照片下方"●"可以调整放大镜外侧描边的粗细（图3－25）。点击色块或色环●●●●●●●可以更改描边颜色（图3－26），颜色一般选择与照片相近的颜色。

图3－25　　　　　　　　　　　图3－26

步骤03：调整好后，可以再对照片色彩做一些微调，这样一个使用放大器制作的大头娃娃plog就做好了，是不是简单又有趣呢（图3－27）。

图3－27

3.3 华为手机：用水印工具制作简单美食plog

在华为手机的照片编辑界面里，除了"旋转""修剪""滤镜""调节"等基础修图工具外，还隐藏着一个有趣的工具，就是"水印"。

"水印"听上去好像是给照片加上文字，来标注自己的版权。但华为手机自带的这个"水印"工具功能更加丰富，用这个工具也可以制作 plog。

下面我们就来讲解一下如何使用"水印"工具，制作一款美食 plog。

3.3.1 选择照片并进入编辑界面

点击手机里的"图库"应用，选择一张美食的照片，点击界面底部"编辑"按钮，即可进入编辑界面（图 3 - 28）。

图 3 - 28

3.3.2 增加水印

步骤01：在编辑界面滑动底部选项栏，找到"水印"按钮，点击进入"水印"界面（图 3 - 29）。

图 3 - 29

步骤02：在水印界面底部我们会看到6种类型的水印，分别为"时间""地点""天气""心情""美食""运动"（图3-30）。每种类型都包含十几款不同的水印样式。

图3-30

步骤03：在这里我们选择"美食"，在美食水印中，选择一款适合的水印（图3-31）。

步骤04：选好后，我们将水印放在合适的位置上即可（图3-32）。

图3-31　　　　　　　　　　图3-32

3.3.3 增加标注

步骤01：为了让照片更加丰富，我们可以使用"标注"工具为照片加入一些文字描述内容。在编辑界面，我们选择界面底部的"标注"按钮（图3-33）。

步骤02：进入"标注"界面后，我们先选择一个标注样式，为了更契合案例照片的调性，我们选择样式较为简洁的"便签框"样式（图3-34）。

步骤03：点击照片中的"便签框"可以编辑文字内容（图3-35）。编辑好文字内容后，可以选择界面底部"文本"按钮，修改文本样式，点击B按钮可加粗文字，点击A按钮可增加阴影（图3-36），点击颜色色块可以更改颜色（图3-37）。

图 3 - 33 图 3 - 34

图 3 - 35 图 3 - 36 图 3 - 37

步骤04：这样，一款使用华为手机自带的"水印"功能制作的美食plog就完成了（图3－38）。

图 3 - 38

【提示】标签框中的文字无须加入过多样式，简洁大方反而更加美观。

3.4 华为手机：用滤镜制作森山大道摄影风 plog

华为手机自带的滤镜比较多，除了适合日常人像、风景的"经典"滤镜外，它的黑白滤镜最为出色。十几款不同的黑白效果，每一款都刻画到位，呈现不同的黑白风格。

在摄影界有位拍摄黑白照片非常出名的大师，他就是森山大道。他的黑白摄影作品，画风极其凌厉，以浓郁的明暗对比表达强烈的情绪。在他的早期照片中常能看到各种黑白的照片，后来，他的黑白摄影逐渐成为一种风格，被广大摄影爱好者效仿与喜爱。

下面我们就讲解一下如何通过华为手机自带的黑白滤镜打造一款森山大道风格的plog。

3.4.1 选择照片并进入编辑界面

点击手机里的"图库"应用，选择一张街景的照片，点击界面底部"编辑"按钮，即可进入编辑界面（图3 - 39）。

图 3 - 39

3.4.2 使用滤镜制作黑白效果

步骤 01：点击界面底部"滤镜"按钮，选择"黑白"（图 3 - 40）。

步骤 02：为了更接近森山大道那种强烈的对比风格，我们选择黑白滤镜中的"硬像"，并通过"调节滑块"适当增加一些对比度、颗粒度、亮度，让照片中白色的部分更白，黑色的部分更黑（图 3 - 41）。

图 3 - 40   图 3 - 41

3.4.3 增加水印

步骤01：使用"硬像"滤镜后，基本效果就做出来了，我们可以再加入一些文字元素，烘托气氛。点击编辑界面底部"水印"按钮，选择"心情"中最后一个全部为大写英文字母的水印，放置在照片中心位置，以强调情绪（图3－42）。

图 3 － 42

步骤02：这样一款森山大道风的黑白plog就做好了，图3-43是效果展示。是不是艺术家气质满满呢？

图 3 － 43

第 4 章　PicsArt 美易照片编辑 plog

PicsArt 是一款很有个性的照片编辑 App（图 4-1）。不仅有安卓和 iOS 用户端，还适用于 Windows 系统，可在电脑端使用。PicsArt 内置很多照片特效，有很多艺术家插画风格的滤镜，以及一些动感特效，能让普通的照片瞬间与众不同。本章以 PicsArt 美易照片编辑 16.8.1 版本为例进行讲解。

图 4-1

这款 App 使用者遍布全球，在里面可以欣赏到世界各地的用户使用它做出的各种风格的照片，如魔法变身、线条艺术等（图 4-2）。

图 4-2

4.1 界面：如何进入照片编辑

打开 PicsArt 可以看到最下方有 5 个按钮（图 4-3）。

第 1 个为"首页"⌂，在"首页"界面可以看到很多最热的模板，点击"使用模板"按钮，可以一键修图。

第 2 个为"发现"◎，在"发现"界面可以看到很多热门标签，在标签下可以找到很多不错的模板、贴纸及图片，是一个巨大的素材库（图 4 - 4）。

图 4 - 3 　　　　　　　　　　图 4 - 4

第 3 个是"导入照片及视频"●。点击后可以看到界面有照片、视频、拼图、海报模板（图 4 - 5），以及相机、绘图、背景、免费照片、彩色背景等多种功能分区。

第 4 个"挑战"。App 会发起的一些主题活动，里面有模板设计、拼贴合成、摄影挑战等。可以看到同一主题下不同用户做出的不同照片，也是相当有趣的（图 4 - 6）。

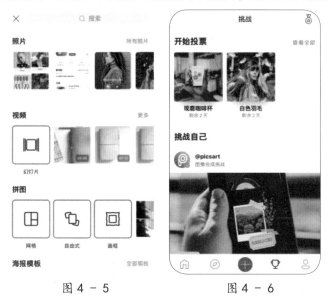

图 4 - 5 　　　　　　　　　　图 4 - 6

最后一个就是"个人主页"了，在这里可以对一些个人用户信息进行设置。

4.1.1 进入照片编辑方法 1

步骤 01：点击最顶部的"照片"—"所有照片"按钮。

步骤 02：在手机相册"最近"文件夹里选择一张西瓜的图片并点击（图 4 – 7）。

步骤 03：点击西瓜照片后进入编辑界面，在此界面中可以对图片进行裁剪、特效、抠图等制作 plog 的相关操作（图 4 – 8）。

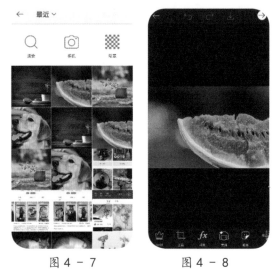

图 4 – 7　　　　　　　　图 4 – 8

4.1.2 进入照片编辑方法 2

步骤 01：用手指向上滑动，点击"相机"按钮（图 4 – 9）。

步骤 02：进入拍摄界面后根据需要点击"拍摄"按钮 ◻，拍摄一张照片，点击"确认"按钮 ✓（图 4 – 10）。

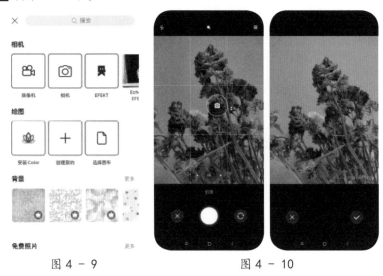

图 4 – 9　　　　　　　　图 4 – 10

步骤03：跳转到"开始编辑"页面后，选择刚才拍摄好的照片素材进行 plog 的操作即可。

4.2 修图：照片辅助修图工具

按照 4.1.1 的方法导入照片后，可以先通过"工具"—"调节"给照片做基本调整。

PicsArt 有个很好用的功能是可以对照片做局部的调节。通过"工具"—"调节"将照片初步调整好后，点击上方 "橡皮擦"按钮▣（图 4 - 11），即可擦除不想调整的部分，从而仅保留需要调节的部分。

橡皮擦还能做个性化设置，可以选择橡皮的尺寸、不透明度、边缘的硬度以及形状。还可以点击"反转"按钮▣进行反向选择，仅调节橡皮擦擦除的地方（图 4 - 12）。

PicsArt 的擦除功能还做了智能选择设置，如果是人像照片，那么可以智能识别出人脸、衣服、头部、头发、背景等，不用再进行手动擦除（图 4 - 13）。

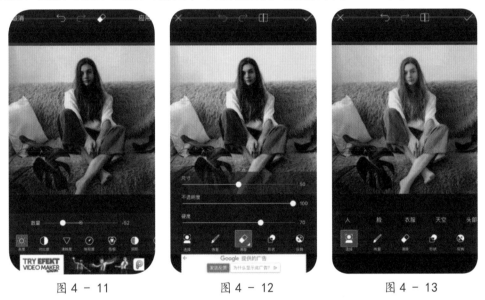

图 4 - 11　　　　　　　　图 4 - 12　　　　　　　　图 4 - 13

通过调节功能对照片做了基础调整后，还可以通过特效工具中的一些修图功能进一步修图。

4.2.1 滤镜

为了效果好看，修图时一般都会加上滤镜。点击"特效"按钮▣，点击"滤镜"，可以看到几款比较常用的，如 HDR、减淡、胶片等（图 4 - 14）。每款滤镜都可以进行二次调节。

图 4 - 14

选择"HDR"滤镜效果，再次点击此按钮，会弹出半透明的图层，可以二次调整里面的各项参数，如模糊、反锐化、饱和度、渐暗（图 4 - 15）。

还可以选择滤镜叠加的方式，左右滑动即可查看调整效果（图 4 - 16）。

图 4 - 15　　　　　　图 4 - 16

下面展示飞鸟照片用"色彩交汇"滤镜修图后呈现出来的效果（图 4 - 17）。

图 4 - 17

4.2.2 模糊

模糊工具可以调整照片的虚实。虚化掉不重要的地方，让照片更有节奏感。

选择模糊中的"变焦"，将变焦点放在照片想要清晰显示的位置上。再次点击"变焦"，调整模糊的程度（图 4 – 18）。模糊的"尺寸"可以理解成模糊的范围。"硬度"为模糊区域与清晰区域间变化的柔和程度。"渐暗"是这种特效使用的强度，数字越大强度越大。

图 4 - 18

下面展示飞鸟照片用"动感模糊"修图后呈现的效果（图 4 – 19）。

图 4 - 19

4.2.3 魔法

魔法是这个 App 非常特别的功能，内置了很多艺术家插画风格的特效。可以瞬间把一张颜色普通、色调普通的照片变成一幅有个性、有特色的插画。

下面给大家展示不同魔法特效呈现出来的照片视觉感受（图 4 - 20）。

图 4 - 20

魔法特效的各种效果做得很细致，也很特别，是拯救废片的神器。

4.2.4 扭曲

我们常常看到的旋转地球的特效，就是用扭曲里面"小小星球"工具制作出来的。选择一张室外的有地面、天空、高楼的照片，使用此特效，就可以瞬间做成这种效果，下面是照片无扭曲特效和使用"小小星球"扭曲特效的前后对比效果（图 4 - 21）。

图 4 - 21

另外还有鱼眼、剪切、水滴等丰富的特效，都可以制作出有趣的视觉效果（图4 - 22）。

图 4 - 22

4.2.5 颜色

选择"颜色"，可以看到11种功能（图4 - 23），下面主要针对泼色、颜色替换、着色、饱和度4种功能及其使用效果进行介绍。

图 4 - 23

（1）泼色 泼色的作用是只保留图中的某一种颜色，突出一种特别的氛围。

选择"泼色"，用手指移动光标至想要保留的颜色，如黄色。选择灰度，分别向左拖动两个滑块，将最小、最大色度值调至合适，使照片中只剩一种颜色。下面是照片修图前、修图中及修图后的对比效果（图4 - 24）。

图 4 - 24

点击"添加"按钮，可以再多选择一种想保留的颜色，如紫色（图4 - 25）。以此类推，可以添加3种颜色。

图 4 - 25

【提示】这一步操作过程中，在选中色块的状态下，选择旁边的"移除颜色"按钮即可删除该色块，然后可以继续添加新的色块。

（2）颜色替换　选择"颜色替换"，用手指移动光标至想要替换的颜色，此时该颜色直接替换成其他颜色，如黄色替换成蓝色，下面是颜色替换前和替换后的对比效果（图4 - 26）。

图 4 - 26

【提示】 "颜色替换"与"泼色"类似，可以完成多种颜色的替换，并且也能通过重置色度、最小色度、最大色度对颜色进行具体的调节。

（3）着色　着色的作用是调整照片整体的色调，向左或向右拖动滑块修改色相的数值即可。调整后，还可以选择叠加的形式，来增强或减弱着色的效果（图 4 -27）。

图 4 - 27

（4）饱和度　选择"饱和度"，可以调节照片颜色的鲜艳程度，让照片更加亮眼清晰。向左拖动滑块，把补光设置为"0"，饱和度呈现极低状态（图 4 - 28）；向右拖动滑块，把补光设置为"100"，饱和度呈现极高状态（图 4 - 29）。

图 4 - 28　　　　　　图 4 - 29

　　但是实际运用中，一般不会采用这两种极端的效果，而是选择一个适中、视觉效果舒适的饱和度（数值为 50~70），软件默认的饱和度数值为 70。下面就以饱和度数值 70 为例，给大家展示照片修图后呈现的效果（图 4 - 30）。

图 4 - 30

4.3 基础功能：美图 plog 常用的功能

　　修完图我们就可以继续增加更有趣味的 plog 内容了，下面我们就来看看可以用到的一些功能。

4.3.1 工具

　　点击"工具"按钮 🔲，弹出的列表框中有裁剪、自由裁剪、图形裁剪、变形等 16 种功能（图 4 - 31）。下面主要针对"分散"和"克隆"两种功能进行具体介绍。

图 4 - 31

（1）分散　分散是 PicsArt 的招牌功能。在很多宣传照上都有使用，将照片中的某些区域进行三角形的分散处理，给照片一种碎片飞散的感觉，很有艺术效果（图4 - 32）。

图 4 - 32

下面以猫的照片为例，为大家介绍具体的操作步骤。

步骤 01：导入照片素材后，点击"工具"按钮，点击"分散"按钮。用手指涂抹画出想要分散的区域，点击右上角的"点击分散"按钮［图 4 - 33（a）］。

步骤 02：完成上一步操作后，可以看到照片中的分散效果［图 4 - 33（b）］。

图 4 - 33（a）　　　　图 4 - 33（b）

之后我们还可以做进一步的调整，如变形、尺寸、方向、减淡、混合等。

变形◎：可改变分散出拉伸的程度，数字越大，拉伸的程度越大。

尺寸◎：分散单个碎片的大小，数字越大，碎片越大。

方向◈：分散的方向，可做360°调节。

减淡▦：碎片的透明度，数字越大，透明度越高。

混合◎：可以修改碎片和照片的混合模式，有正片叠底、颜色加深、加暗等9种混合模式可以选择。

（2）克隆　克隆功能既可以擦除不想要的地方，也可以仿制出与原照片选定内容一模一样的部分。

如果想把照片上的小瑕疵删除，如照片右边露出一点的灯，那么可以将抓取来源的光标移动到猫咪周围的墙壁上，然后用手指涂抹灯的位置，即可擦除灯（图4－34）。

如果将抓取来源的光标移动到猫脸上，再用手指在空白区域涂抹，就可以克隆出多个猫头（图4－35）。

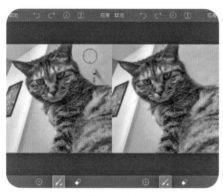 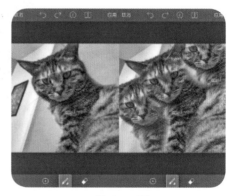

图4－34　　　　　　　　　　　　　图4－35

下面给大家展示照片用"分散"和"克隆"工具修图后呈现的效果（图4－36）。

图4－36

4.3.2 贴纸

点击"贴纸"，进入发现页面，直接在素材库选择喜欢的素材添加到照片上即可；

也可以通过最上方的关键词标签，选择需要贴纸的类型；还可以直接通过搜索栏，搜索自己想要的贴纸。

通过"最近"按钮，可以选择近期使用过的贴纸。通过"精选"按钮可以预览各类贴纸（图4－37）。

图 4 － 37

下面展示照片用"贴纸"修图后的效果（图4-38）。

图 4 － 38

4.3.3 抠图

PicsArt的抠图可以直接智能选择，点击"选择"按钮可以看到几种类别，"人""脸""衣服""天空""头部""头发""背景"等。有人物或动物的图片可直接选择人、脸等进行抠图，也可以直接选择背景去抠图。

自动选择后，可以再用橡皮和画笔工具进行边缘的精修，可以点击"预览"查看抠图效果。如果想要手动选择抠出的内容，可点击"轮廓"，再用手指在图片上画出想抠出的内容即可。

下面给大家展示照片"抠图"后做出来的效果（图4-39）。

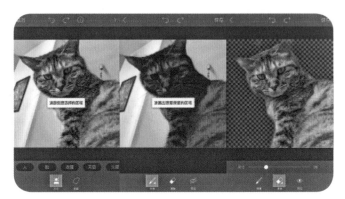

图 4 - 39

4.3.4 文本

通过文本工具可以在照片上添加文字，可以写一句话，也可以写一段话。段落可以设置对齐方式，分别为左对齐、居中和右对齐（图4 - 40）。设置好文字内容点击"对钩"符号，便可进行下一步的调整。

图 4 - 40

（1）字体　左右滑动可更换字体，App内置了大量中文、英文字体可以选择（图4 - 41）。

（2）颜色　对字体颜色进行调整，不仅可以直接选择展示出来的颜色，还可以通过色环自定义颜色。除此之外，还可以点击最左侧的吸管工具，在图片上吸取想要的颜色，这样文字放在图片上会更加和谐。

除了纯色文字，还可以通过渐变工具给文字增添2种过渡颜色，或者通过纹理给文字加上喜欢的图案（图4 - 42）。

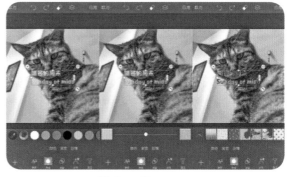

图 4 - 41　　　　　　　　　　　图 4 - 42

　　如果字的颜色与背景太接近，可以通过"描边""阴影"工具，给文字加个外轮廓，让文字更加清晰显眼。

　　另外我们还可以通过"间距"来调整字与字之间、行与行之间的距离（图 4 - 43 ）。

　　调整好后，再将文字放在合适的位置，放大或缩小，文字就编辑完成了。

图 4 - 43

　　下面给大家展示照片用"文本"工具修图后的效果（图 4 - 44 ）。

图 4 - 44

4.3.5 背景

　　背景工具可以为照片换一个新的背景或加上一个外边框。还可以对比例、颜色、背景、图像、阴影等进行编辑，下面进行具体介绍。

　　（1）比例　PicsArt 提供了几种常见的照片比例，也设置了适合分享到各个媒体平台尺寸的大小，可以通过不同的使用场景选择合适的比例（图 4 - 45）。

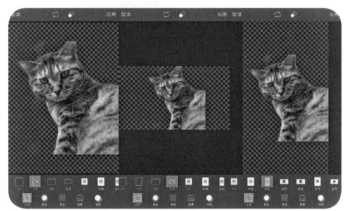

图 4 - 45

　　（2）颜色　可以直接选择需要的颜色，也可通过色环和吸管工具选择合适的颜色（图 4 - 46）。

图 4 - 46

　　（3）背景　可以选择有图案的背景，PicsArt 内置了很多背景素材。

　　（4）图像　PicsArt 内置了很多好看的照片，也可以直接更换为背景。

　　（5）阴影　给前景照片设置一个阴影，可以更加突出前景，同样可对阴影的颜色、位置、大小进行调节。

下面给大家展示照片用"背景"修图后的效果（图4-47）。

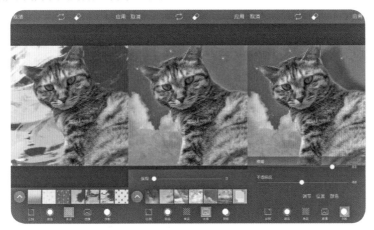

图 4 - 47

4.3.6 涂鸦笔

可以在照片上添加涂鸦，让照片更有个性，更有生活感。

涂鸦笔有几种类型，纯色实线、纯色虚线、外发光实线、图案笔刷。可在想要重点突出的人、物体外轮廓进行勾画。也可直接用来在照片上写字、涂画。

下面展示照片用"涂鸦"修图后的效果（图4-48）。

图 4 - 48

4.3.7 遮罩

遮罩内有很多艺术光影效果。有复古胶片的刮痕、窗影、塑料包装、彩色光晕、光斑、漏光、做旧等。

通过这些艺术效果，可以为照片增加更有意境的氛围。

下面展示照片用"遮罩"修图后的效果（图4-49）。

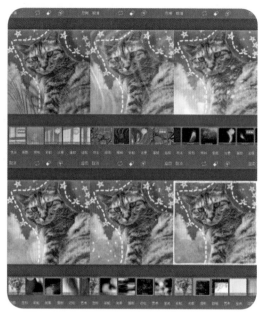

图4-49

4.3.8 对话框

对话框有很多不同颜色和形状，可以在对话框里面编辑文字，写入想说的话，让照片更具漫画感。

下面展示照片用"对话框"修图后的效果（图4-50）。

图4-50

4.4 春日涂鸦：背景涂鸦 plog

涂鸦主要适用于背景的处理，运用植物、星星、爱心等元素作为配角，能够增加画面的生机，让画面看起来十分惬意，营造出春天般的活力（图4-51）。

图 4 - 51

4.4.1 基础修图调节原图

在手机相册中选择一张照片，按照4.1.1的方法导入照片素材，进行基础修图。点击"工具"—"调整"，对照片的亮度、对比度、清晰度、阴影、高光等进行调节（图4-52）。

图 4 - 52

4.4.2 选择春天主题贴纸

搜索想要的主题素材,如"春天""花朵"等。找到喜欢的贴纸直接点击加入照片,双指推拉调整大小,点击右上角箭头调整方向(图4-53)。

图 4 - 53

4.4.3 添加春天主题文本

在照片的左下角写上想表达的话,如"spring is coming",尽量与春天主题相关(图4-54)。

图 4 - 54

4.4.4 涂鸦笔绘制小元素

选择图案笔刷，在空白区域简单点两下，加入一些小元素。

选择虚线，调整画笔大小，简单描出主体的轮廓，让主体更加凸显（图4－55）。

图4－55

4.4.5 添加滤镜整体调色

点击"fx"—"魔法"，选择一款喜欢的滤镜，进行整体调色，让照片颜色更加丰富有趣（图4－56）。

图4－56

4.5 新年贴纸：主题壁纸 plog

新年贴纸适用于节日相关主题的画面呈现，灯笼、灯带等都是常用元素，能够丰富画面的层次感（图4-57）。

图 4 - 57

4.5.1 导入新年元素照片

在手机相册中，选择一张有新年节日元素的照片素材，如灯笼街景。按照4.1.1的方法导入照片素材。

4.5.2 调整手机壁纸比例

点击"工具"—"裁剪"—"快拍"，可以调成手机壁纸的比例（图4-58）。

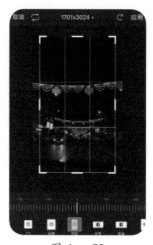

图 4 - 58

4.5.3 添加新年主题贴纸

在搜索框输入"新年""happy new year""烟花""气球"等关键词，搜索相关贴纸。贴纸放置的位置最好避开照片上方 1/3 处，因为如果手机屏幕上方 1/3 处会显示时间、日期等信息（图 4 – 59）。所以不适合在图片这个位置放置过多内容，以免作为壁纸时过于杂乱。

图 4 – 59

4.5.4 添加新年主题文字

点击文本，增加自己想说的话，放置的位置不要过低，以免作为手机壁纸时被手机下方的 App 图标遮挡（图 4 – 60）。

图 4 – 60

4.5.5 涂鸦笔绘制光斑

点击"涂鸦笔"，增加一些光点、光斑，让照片显得更有节日气氛（图4-61）。

图 4 - 61

4.5.6 添加漏光遮罩效果

点击"遮罩"—"漫射"—"BKH2"，给照片整体添加一个漏光效果，使照片的氛围感更加浓郁（图4-62）。

图 4 - 62

这样，一张新年主题的壁纸就做好了。做其他主题壁纸时，也可以用同样的方法，发散关键词，寻找与之相关的贴纸，就能制作出一张贴合主题的 plog 了（图 4 - 63）。

图 4 - 63

4.6 镜子贴纸：自拍照 plog

镜子贴纸一般适用于自拍等情境，能够很好地突出人物，让人物从镜面中呈现出来，画面看起来别有一番风味（图 4 - 64）。

图 4 - 64

4.6.1 导入人像照片

在手机相册中选择一张人像照片，全身、半身、大头照都可以，用手机、相机拍的自拍照更佳。按照 4.1.1 的方法导入照片素材。

4.6.2 添加镜子贴纸

在搜索框输入"镜子"，可以看到很多镜框的贴纸。这些贴纸都是镂空的，直接放在照片上即可使用，不用抠图（图 4 - 65）。全身照可选择"落地镜"，半身照可选择"床头镜"，大头照可选择"手持镜"。

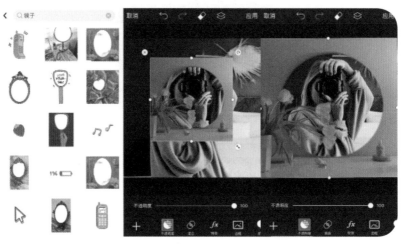

图 4 - 65

4.6.3 添加文字点缀

在贴纸中搜索"文字"，找到适合的贴纸放在照片中（图 4 - 66）。一张镜中自己的自拍 plog 就做好了。

图 4 - 66

4.7 咖啡主题贴纸：下午茶 plog

咖啡主题帖纸一般适用于下午茶相关场景照片，主要用于装饰画面，如带有"咖啡"的英文单词的贴纸放在画面上来烘托气氛（图 4 – 67）。

扫码看视频课（2）

图 4 – 67

4.7.1 导入咖啡照片

在手机相册中找一张下午茶的咖啡照片作为素材，按照 4.1.1 的方法导入照片素材。平时生活中可以多拍照，这样就会有很多修图素材。

4.7.2 基础修图调节

给照片简单修图，调整照片亮度、对比度、清晰度等，让照片整体更加舒适（图 4 – 68）。

图 4 – 68

4.7.3 添加咖啡贴纸

在搜索框输入"咖啡"，可以看到很多关于咖啡的贴纸（见图4－69），可以同时选择几种类型来拼贴。英文单词、拍立得边框、咖啡色系圆点、背景点缀圆点等都是很好的咖啡主题素材。

图4－69

将挑选的元素点缀在咖啡周围，再用拍立得边框框住咖啡杯，这样就制作出来一张画中画（图4－70）。一张浓郁的下午茶气氛的plog就做好了。

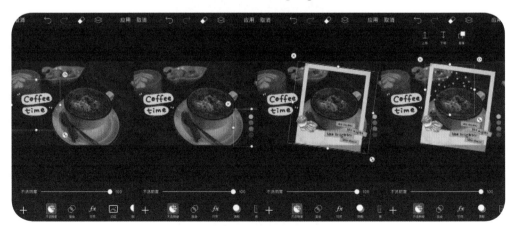

图4－70

4.8 特效：人像拼脸特效 plog

人像拼脸特效是特效中常用的类型之一，让画面在平凡中透露出一些创意。还可以通过勾勒线条的方式突出画面主体的轮廓造型（图 4-71）。

扫码看视频课（3）

图 4-71

4.8.1 导入人像照片

在手机相册中选择一张人物的大头照（可以清晰地看到面部的照片素材），按照 4.1.1 的方法导入照片素材。

4.8.2 添加拼脸特效

选择"fx 特效"—"拼脸"，App 自动为照片增加了不一样的一部分，可能是一双水汪汪的眼睛，可能是一个小巧的嘴唇，也可能是一个有棱角的下巴。点击照片右下角"随机"按钮可以切换，直到满意为止（图 4-72）。拼的五官加在自己脸上非常有趣。选好后点击"应用"，即可保存。

图 4-72

4.8.3 添加线条画特效

选择"fx 特效"—"线条画"，会自动生成人物的外轮廓，再次点击可以对线条进行更加深入的调整，可调整线条位置、颜色、透明度等（图 4 - 73）。加上线条画后，普通的一张自拍照变得更有艺术感了。

图 4 - 73

4.8.4 添加时间贴纸

可再点缀一些贴纸，可以搜索"星期""日期"等关键词，添加一些有时间点的贴纸，记录下特别的一天（图 4 - 74）。

一张极具艺术感的人像 plog 就做好了，再也不用担心拍的照片表情不够好了。

图 4 - 74

第二篇：美图 plog 修图 高手进阶

第 5 章　黄油相机编辑 plog

黄油相机是一款超有人气的 plog 创作工具，就像它的标语一样"黄油相机 –plog 记录日常"，它几乎是为制作 plog 而生的，它名字的由来也与 plog 息息相关。

5.1 黄油相机的来源

　　"黄油相机"名字灵感来源于电影《朱莉与朱莉娅》中的一句台词："你是我面包上的黄油，生命中的呼吸"。而图片与文字就像面包与黄油，面包单独很好吃，但没有黄油的面包，似乎总少了点什么。

　　于是一款主打"照片＋文字"的App就这样诞生了（图5－1）。本章以黄油相机8.1.6版本为例进行讲解。

图5－1

　　黄油相机不仅有大量修图模板和齐全的基础修图工具，还有一个很特别的功能，就是"一键P图"，这个功能不是简单地套用模板，而是会根据照片内容自动匹配适合的文字和滤镜。

　　比如一张草莓的照片，使用"一键P图" 功能，App会自动匹配"食物"适合的滤镜，以及增加"草莓""strawberry""水果"等文字内容。一张照片可以识别出多种不同的plog模板，真正做到一键搞定，绝对是懒人的福音（图5－2）。

图5－2

【提示】除了智能化的修图，黄油相机的其他功能也很强大，在后面的章节我们将逐一讲解。

5.2 界面简介：快速玩转各界面

打开黄油相机App，可以看到底部5个按钮，分别是"滑一滑""模板""照相机""素材""我的"（图5－3）。下面我们将具体介绍每个按钮对应界面的使用方法。

图 5 － 3

5.2.1 "滑一滑"

打开"滑一滑"界面，可以看到黄油相机用户发布的各种模板。在这个界面发现喜欢的用户，可以点击头像，进入该用户的个人主页并关注。

在"滑一滑"界面点击最上方的"关注"按钮，可查看关注用户最近更新的模板（图5－4）。

图 5 － 4

5.2.2 "模板"

打开"模板"界面,可以看到黄油相机近期主推的热门模板和一些主题模板(图5-5)。

图 5 - 5

界面上方设有模板关键词,点击即可查看该类型下所有的推荐模板(图5-6)。

图 5 - 6

也可在"搜索栏"直接输入关键词搜索相关模板,如很流行的"慢快门"效果,可直接在搜索栏输入"慢快门",就可以看到该关键词下的海量模板了。选择一款模板,点击右下角"使用模板"按钮可应用到自己的照片上(图5-7)。

图 5 - 7

在"模板"界面还有一个很实用但也很容易被忽略的内容,就是此界面顶部的"课堂"。点击"课堂"可以看到大量教程,教程涵盖了"调色""排版""创意""壁纸头像""摄影技巧""基本操作"6大块内容。想要深度玩转黄油相机,可以一个一个地认真学习起来(图5-8)。

图 5 - 8

5.2.3 "照相机"

点击"照相机"按钮 会自动打开照片库,选择一张照片即可进入编辑界面,编辑界面共有"布局""模板""滤镜""调整""加字""贴纸""画笔""遮罩"8个功能(图5-9)。在后面的章节我们将具体讲解。

图 5 - 9

5.2.4 "素材"

打开"素材"界面，可以看到顶部导航将素材分成了5种类型，分别为"滤镜""字体""贴纸""壁纸""颜色"（图5 - 10）。将选中的素材下载到自己的素材库就可以在制作 plog 时随时使用了。注意：有些素材是收费的，请根据需要选择。本书仅以免费素材为例。

图 5 - 10

（1）滤镜　点击"滤镜"可以看到各种滤镜使用前后的对比图，选择一款滤镜即进入详情界面（图5 - 11）。进入界面后可以查看该滤镜更多的使用效果，点击"免费下载"按钮即可安装到滤镜库（图5 - 12）。

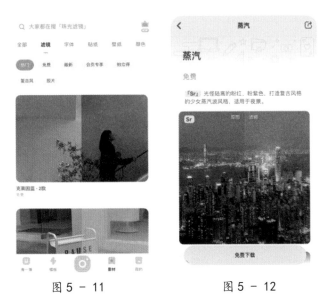

图 5 - 11 图 5 - 12

（2）字体　点击"字体"可以看到中、英、日、韩等多种文字及字体（图 5 - 13）。点击一款字体即可查看字体简介及文字效果，点击"免费下载"按钮即可安装到字体库（图 5 - 14）。

图 5 - 13 图 5 - 14

（3）贴纸　点击"贴纸"可以看到"单品贴纸"及"贴纸包"（图 5 - 15）。直接点击"单品贴纸"中的"下载"按钮，即可下载到贴纸库，点击"贴纸包"可以查看该贴纸包下所有贴纸，点击"免费下载"按钮即可安装到贴纸库（图 5 - 16）。

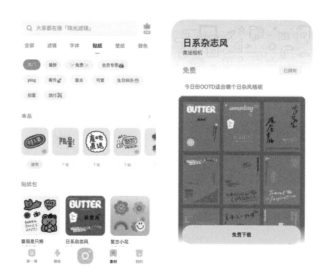

图 5 - 15　　　　　　　　　　图 5 - 16

（4）壁纸　点击"壁纸"可以看到各种可爱的手机壁纸（图 5 - 17）。点击任意一款可查看使用效果图，点击"免费下载"按钮即可将该壁纸存入手机（图 5 - 18）。

图 5 - 17　　　　　　　　　　图 5 - 18

（5）颜色　点击"颜色"可以看到各种颜色专辑，可将此颜色应用于背景图（图 5 - 19）。点击颜色专辑即可查看此专辑的使用效果，点击"免费下载"按钮即可将该颜色专辑安装到背景中（图 5 - 20）。

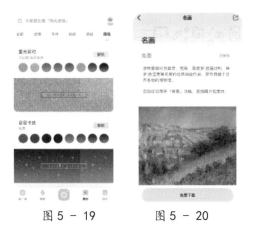

图 5 - 19　　　　　图 5 - 20

以上素材都可通过搜索栏直接输入关键词进行有针对性的搜索，也可通过点击各个素材类型下方种类标签，进行种类筛选（图 5 - 21）。每种素材的使用方法可与黄油相机其他修图工具结合使用，在后面的章节我们将具体讲解。

图 5 - 21

5.2.5　"我的"

打开"我的"界面，可以看到自己的相册（图 5 - 22）。点开任意一张照片可以查看该照片使用的滤镜、文字、贴纸等，点击"使用模板"按钮，即可再次将此模板应用在其他照片上（图 5 - 23）。

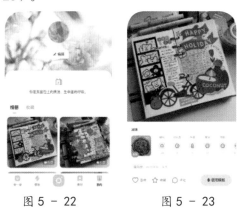

图 5 - 22　　　　　图 5 - 23

点击"收藏"可以查看收藏过的模板和文章（图5－24）。

图 5 － 24

5.3 布局工具：电影剧照 plog

普通的生活照片也能变成电影剧照吗？当然可以，用黄油相机的布局工具就能做到，只需4步就能让平淡的日常照片变得极具故事感，下面我们就来讲解具体的制作过程。

5.3.1 修改照片比例并导入

步骤01：选择一张有生活气息的照片，最好是横向构图，用手机自带编辑功能中"🔲"按钮将照片比例先调整成16:9（图5－25）。

步骤02：再点击"自由格式"按钮，将照片高度再裁剪掉1/4，让照片整体更扁（图5－26）。

图 5 － 25　　　　　　图 5 － 26

步骤03：打开"黄油相机"App，点击底部"照相机"◉按钮（图5－27）。导入步骤02中已调好比例的照片素材（图5－28）。

图 5 - 27   图 5 - 28

5.3.2　制作电影黑边

步骤 01：照片导入后，点击界面底部"布局"按钮，选择"白边"，照片四周将出现白边（图 5 - 29）。

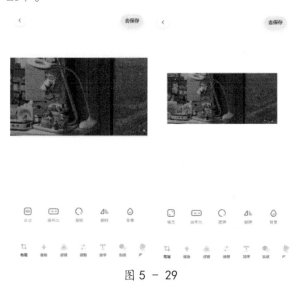

图 5 - 29

步骤02: 再点击"背景"选择"黑色",点击"✓"保存背景色(图5-30)。

步骤03: 双指将照片拉大,直到完全覆盖左右两侧的黑边,只保留上下的黑边(图5-31)。

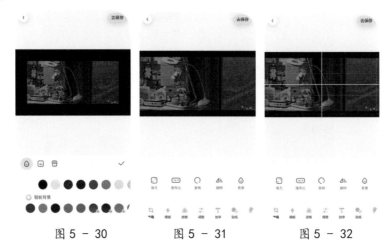

图5-30　　　　　　图5-31　　　　　　图5-32

【提示】当照片基于背景画布水平、垂直居中时,照片会出现校准黄线,照片也将自动吸附到该位置,以保证调整后的照片绝对居中(图5-32)。

5.3.3 增加字幕

步骤01: 点击界面底部"加字"按钮,选择"花字"(图5-33)。在导航栏选择"字幕",可看到很多字幕类型的字体,点击任意一款,即可加载到照片中(图5-34)。

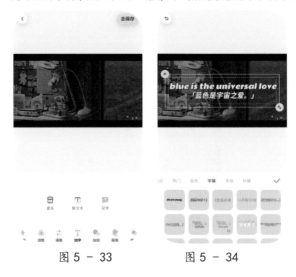

图5-33　　　　　　图5-34

步骤02：将文字适当缩小，放在照片底部，双语字幕可以一半压在照片上一半压在黑边上，双击文字可修改内容（图5－35）。

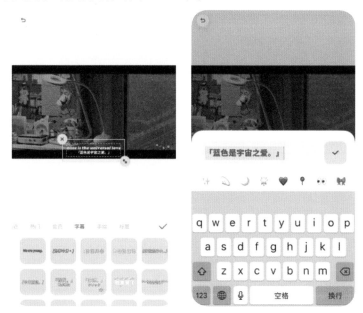

图 5 － 35

步骤03：做好字幕后，点击右上角"去保存"即可存储该照片。存储时可以选择"保存并发布"或"保存到相册"（图5－36）。

图 5 － 36

步骤04：点击"保存并发布"后，照片将存入个人主页的相册中（图5－37）。在个人相册中点击该照片可查看修图模板，点击右下角"使用模板"按钮，即可将此模板套用在其他照片上（图5－38）。

图 5 － 37   图 5 － 38

【提示】如果照片不想公开，但仍想保留修图模板，可以点击保存界面右上角"⚏"按钮设置可见权限，将照片设为"私密照片"即可（图5－39）。

图 5 － 39

步骤05：这样一款具有电影感的照片plog就做好了，保存后，可以在手机相册查看效果（图5－40）。

图 5 － 40

5.4 加字工具：emoji 小剧场 plog

emoji 是时下非常流行的表情符号，在日常网络聊天中常被应用。除了使用 emoji 直接表达心情，我们还可以将 emoji 表情制作到照片中，搭建 emoji 小剧场，让照片更具童趣。下面我们就来具体讲解如何制作一款海边度假风的 emoji 小剧场 plog。

5.4.1 导入照片并加入 emoji 表情

步骤 01：点击黄油相机底部"照相机" ⊙ 按钮，选择一张海边的照片（图 5 – 41）。

图 5 – 41

步骤 02：导入照片后，点击界面底部"加字"按钮，选择"新文本"，双击文本框修改内容（图 5 – 42）。

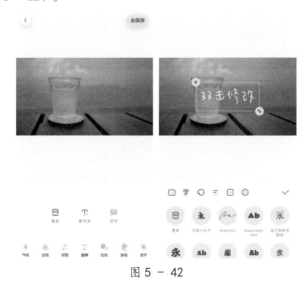

图 5 – 42

步骤03：点击键盘下方"▣"切换到"表情符号"，即可打开"emoji"表情界面（图5－43）。

图 5 － 43

步骤04：此时就可以将喜欢的表情直接添加到照片上了。下面我们以"海边度假"主题为例，打造一个emoji场景（图5－44）。

图 5 － 44

步骤 05：在表情库搜索栏输入"游泳"，选择一款游泳的表情到文本框，点击" ✓ "即可添加到照片上（图 5 – 45）。

图 5 – 45

步骤 06：双指将表情调整到合适比例，放在水杯中，也可放在大海里，打造一种 emoji 小人在游泳的场景（图 5 – 46）。

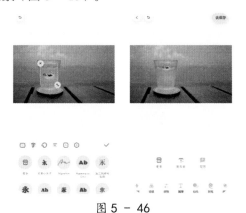

图 5 – 46

步骤 07：同样方法依次加入其他相关表情，加入人物时以"近大远小"为原则调整大小（图 5 – 47）。

图 5 – 47

5.4.2 加入文字并修改

步骤01：仍然使用"加字"按钮下的"新文本"，双击文本框修改文字内容为"SUMMER HOLIDAY"（图5-48）。

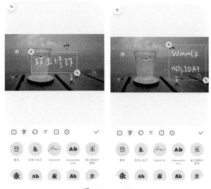

图5-48

步骤02：修改字体。点击"字"打开字体库，选择字体"Rammetto One"（图5-49）。

图5-49

步骤03：增加阴影效果。点击"○"打开文本样式界面（图5-50）。

图5-50

步骤04：点此界面的圆形色块可以切换文本颜色（图5－51）。点击"○"可调整文本透明度，点击"阴影""描边""背景"按钮还可为文本增加更多效果（图5－52）。

图 5 － 51　　　　　　　　　　　　　图 5 － 52

【提示】阴影效果有"右侧实线阴影"和"外侧虚化阴影"两种（图5－53）。重复点击"阴影"按钮即可切换。

图 5 － 53

针对这张照片的文本，我们只增加"外侧虚化阴影"效果即可。

步骤05：针对这张照片的文本，我们将行间距变小，其他保持不变。调整好后，将文字移动到海平面附近（图5－54）。

图5－54

【技巧1】如何调整文本行间距

（1）点击"≡"按钮进入多行文本调节界面（图5－55）。

图5－55

（2）点击"▤ ⯊"可调整文本方向（图5－56）。

图5－56

（3）点击"● ≡ ≡"可更改对齐位置（图5－57）。

图 5 － 57

（4）点击" ▲ ⊖ ⊕"可调整行间距（图5－58）。

图 5 － 58

（5）点击"VᴀA ⊖ ⊕"可调整字间距（图5－59）。

图 5 － 59

【提示】此时我们会发现有一个表情被文字挡住了，我们只需要长按文本，调出文本编辑工具，选择"到底层"即可（图5－60）。调整好后点击"✓"即可保存文本样式。

图 5 － 60

5.4.3 加遮罩

步骤01：点击界面底部"遮罩"按钮，为文字打造一种漂浮在海上的感觉（图5-61）。

图 5 - 61

步骤02：选择"轻轻擦"工具，擦掉文字下部，点击"✓"即可看到遮罩效果（图5-62）。

图 5 - 62

步骤03：这样一款很特别的emoji场景plog就做好了（图5-63）。

图 5 - 63

5.5 贴纸工具：手机取景框 plog

手机拍照、录像已经成为日常生活的一部分，有时打开手机，将看到的景色框在取景框里，就是一幅非常美的画面了。手机拍照界面取景框风格也因此流行起来，这样的画面似乎更能传达那一刻的即时感受，更加有意思。

下面我们就来说说这种风格的 plog 要如何制作。

5.5.1 导入照片并修改比例

步骤 01：点击黄油相机底部"照相机" ⊙ 按钮，选择一张照片（图 5 – 64）。

图 5 – 64

步骤 02：点击界面底部"布局"按钮，选择"画布比"，将照片比例改成 2:3，点击"✓"保存（图 5 – 65）。

图 5 – 65

5.5.2 增加画框

步骤01：点击界面底部"贴纸"按钮，选择"同色系贴纸"（图5－66）。

步骤02：在"同色系贴纸"界面选择"配色贴纸"栏，在此贴纸库中选择最后一个"方框贴纸" □（图5－67）。

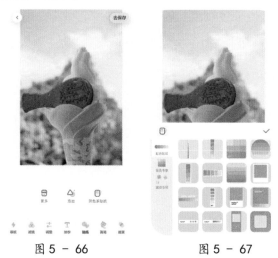

图5－66   图5－67

步骤03：该贴纸会自动选取照片中面积最大的一种色彩作为该贴纸的颜色，双指将该贴纸拉大，直到完全盖住照片的上下边缘（图5－68）。

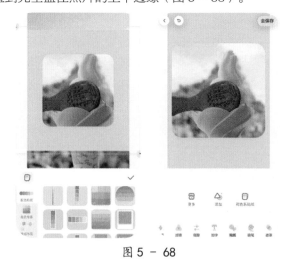

图5－68

5.5.3 增加"手机界面"

步骤01：仍在"贴纸"界面，选择"添加" △，在"热门单品"栏找到"录像"手机界面贴纸（图5－69）。

步骤 02：点击加载到照片中，并调整大小及位置（图 5 – 70）。

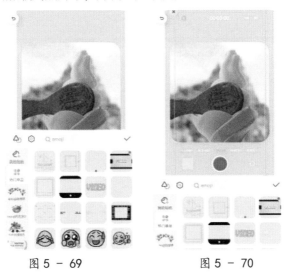

图 5 – 69　　　　　　　　图 5 – 70

5.5.4 增加点缀贴纸

步骤 01：在"热门单品"栏找到"May　Holiday"的英文贴纸放在照片中央（图 5 – 71）。

步骤 02：找到"音符"和"白云"贴纸放在画框附近（图 5 – 72）。

步骤 03：再点缀一些零碎贴纸丰富画面（图 5 – 73）。

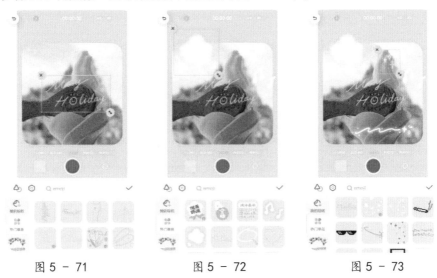

图 5 – 71　　　　　　图 5 – 72　　　　　　图 5 – 73

【提示】贴纸可一半放在照片上一半压在画框上，这样放更有层次感。

步骤 04：这样，一款手机取景框风格的 plog 就做好了（图 5 – 74）。

图 5 - 74

5.6 画笔工具：美食漫画涂鸦风 plog

涂鸦风是非常流行的一种 plog 风格，在手机上也能将普通照片自制成情景漫画，用黄油相机的画笔工具就可以做到，下面我们就来制作一款美食主题的漫画涂鸦风格 plog。

扫码看视频课（5）

5.6.1 导入照片

点击黄油相机底部"照相机" 按钮，选择一张美食主题的照片（图 5 - 75）。

图 5 - 75

5.6.2 绘制涂鸦

步骤01：点击界面底部"画笔"按钮，选择"绘制"，打开画笔库（图5-76）。

图 5 - 76

步骤02：画笔主要分成两种类型，基础线条画笔和图案画笔。在这里我们先使用基础线条画笔进行涂鸦。

步骤03：点击第一个实线画笔，移动圆形滑块调整画笔大小，给照片中的鱼丸、鸡蛋、鸡翅画上手和脚（图5-77）。

图 5 - 77

步骤04：下拉画笔库，选择一款手绘风格图案画笔 ，点击圆形滑块调整画笔大小，描画鱼丸、鸡蛋、鸡翅边缘（图5－78）。

图5－78

5.6.3 增加贴纸

步骤01：点击界面底部"贴纸"按钮（图5－79）。

步骤02：选择"添加" ，在左边栏找到"手绘涂鸦"贴纸专辑，将"眼睛"贴纸分别放置在绘制好涂鸦的形象上（图5－80）。

步骤03：再增加一些对话框贴纸在涂鸦形象周边（图5－81）。

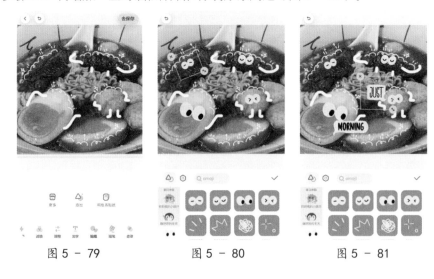

图5－79　　　　　图5－80　　　　　图5－81

5.6.4 增加滤镜

步骤01：点击界面底部"滤镜"按钮，选择"食物"类型中的"食欲"滤镜，让照片色彩更加浓郁，图片中的食物更加美味（图5-82）。

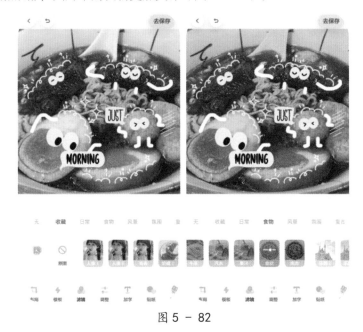

图 5 - 82

步骤02：这样一款漫画涂鸦风格的 plog 就做好了（图5-83）。

图 5 - 83

5.7 滤镜工具：打造独特风格 plog

黄油相机的"滤镜"是这款 App 使用度最高的功能之一。它拥有很多独家滤镜，能打造独一无二的色调与氛围，让照片更具风格化，更有质感，是照片调色的不二选择（图5-84）。

图 5 - 84

以下我们就分享几款滤镜的使用场景及修图调整参数。

5.7.1 慢快门——法式电影风 plog

下面主要介绍法式电影风 plog 的制作方法,图 5-85 是 1 张照片修图前后的对比效果展示。

图 5 - 85

"慢快门"滤镜是拯救"废片"的法宝,拍得再"糊"的照片,使用这款滤镜也能呈现氛围感,瞬间变电影大片。若想做成法式电影风,使用"调整"工具为照片增加一些红绿色调,并将画面适当调暗,降低色彩饱和度即可,具体调整参数如下(图 5 - 86)。

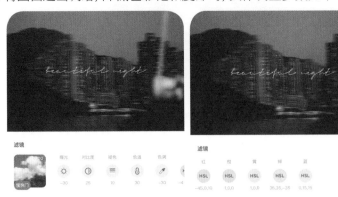

图 5 - 86

滤镜：慢快门。

调整：曝光 –30、对比度 25、褪色 10、色温 30、色调 –30。

【提示】调整好照片，可以点击"加字"中的"新文本"，增加一些手写体文字，让照片更具故事感，加字方法可参考章节 5.3。

5.7.2 碎钻——闪闪星光 plog

下面主要介绍闪闪星光 plog 的制作方法，图 5–87 是 3 组不同照片修图前后的对比效果展示。

图 5 – 87

"碎钻"滤镜可以为照片增加星光效果，让普通的水面、天空、花朵闪烁着光点，打造梦幻而浪漫的氛围。在使用这款滤镜时，光点会加载到照片最亮的位置上，若想增加光点范围，可点击"调整"工具中的"曝光"，增加曝光度即可（图 5 – 88）。

图 5 - 88

5.7.3 柚子海——漫画感金黄日落 plog

下面主要介绍漫画感金黄日落 plog 的制作方法，图 5–89 是一组修图前后的对比效果展示。

图 5 - 89

"柚子海"滤镜主打明媚的暖黄色调，将照片中的黄色无限加强，很适合有光感的照片，打造金黄日落氛围。"柚子海"滤镜一共有两款，"柚子海Ⅰ"曝光度低，色彩柔和"柚子海Ⅱ"曝光度高，明亮耀眼，使用时可根据照片的不同光感自行选择（图 5 – 90）。

若想打造更浪漫的漫画感日落氛围可将色温调暖，色调调紫，具体调整参数如下（图 5 – 91）。

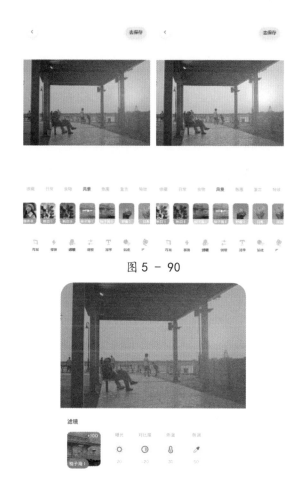

图 5 - 90

图 5 - 91

滤镜：柚子海 I 。

调整：曝光 20、对比度 −20、色温 30、色调 50。

5.7.4 聚焦胶片——古早胶片场景 plog

下面主要介绍古早胶片场景 plog 的制作方法，图 5-92 是 1 张照片修图前后的对比效果展示。

图 5 - 92

"聚焦胶片"滤镜不仅可以给照片增加"胶片"质感，在画面展示上也有特殊效果。将原照片虚化作为背景，在上方放置胶片边框，将原图置于其中，四周增加少许漏光，打造超强层次感。

【提示】使用"聚焦胶片"滤镜后，点击照片可切换漏光颜色及位置（图5 - 93）

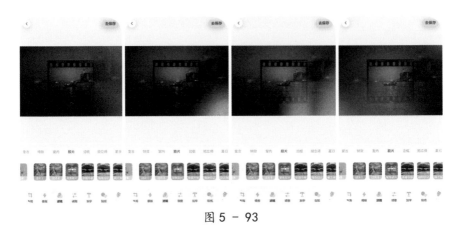

图5 - 93

【技巧2】如何提升照片的故事感

加载好滤镜后，可以使用"加字"工具加入一些文字元素，让照片更具故事感。图5-94中的"播放器"■文字样式，来自"花字"中的"盐系"，其他加字方法可参考章节5.3。

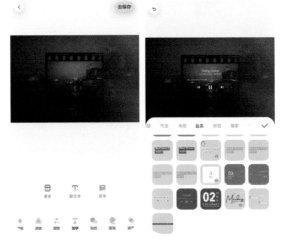

图5 - 94

【提示】以上修图调整参数仅供参考，具体操作时可根据照片自行调整更适合的参数。

第二篇：美图 plog 修图高手进阶

第 6 章　美图秀秀编辑 plog

美图秀秀是一款智能修图 App（图 6 - 1）。在 2008 年上线了电脑版，3 年后上线了移动版。美图秀秀是公认的"美颜神器"，它的衍生产品如美颜相机、美图手机等，都深受大众喜爱。美图秀秀致力于人像精修，号称医美级的"换脸"。本章以美图秀秀 9.1.30 版本为例进行讲解。

图 6 - 1

除了美颜功能，美图秀秀也融入了大量潮流美学元素。包括更适用于人像的滤镜、各种流行美图配方以及丰富的 plog 工具。用美图秀秀不仅可以美化人像，还可以把照片制作出想要的氛围，是非常全面的一款修图 App。

6.1 人像美容：拯救素颜 plog

打开美图秀秀 App，可以看到 6 个大按钮（图 6 - 2）。

第 2 行第 1 个为"人像美容"按钮，点击此按钮，可进行人像修图。

图 6 - 2

进入"人像美容"界面后，可看到"一键美颜""美妆""面部重塑""瘦脸瘦身"等按钮，每个按钮可针对不同人像问题进行调整（图6-3）。

图 6 - 3

6.1.1 美妆

点击"美妆"按钮，可看到"妆容""口红""眉毛""眼妆""立体"等功能，可对五官及妆面进行调整。

✕　　**妆容**　　口红　　眉毛　　眼妆　　立体　　✔

点击"妆容"，可一键为照片人物上妆。多种不同的妆容，适用于不同场景、不同心情。并可一键点击，随意切换（图6-4）。

图 6 - 4

除了"妆容"，还可用"口红"（图6－5）、"眉毛"（图6－6）、"眼妆"（图6－7）等功能精致刻画五官。改变口红颜色、眉毛形状，眼妆中还可细致刻画眼影、睫毛、眼线，更换美瞳等，从而调节出更适合自己的完美妆面。

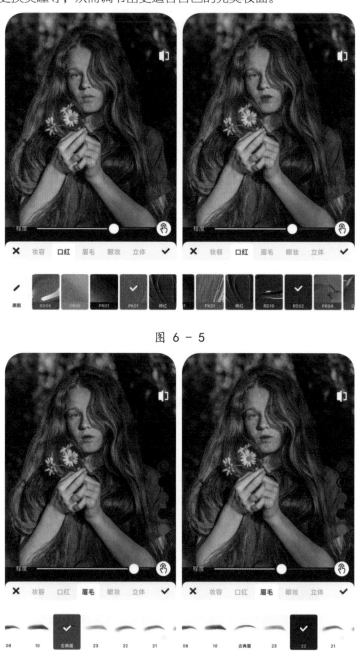

图 6 － 5

图 6 － 6

图 6 - 7

【技巧 1】如何修改眉毛的颜色

选择一款"眉毛"后，可点击右侧色块，即可改变眉毛的颜色。

除改变五官妆容外，还可以通过"立体"功能调节面部明暗关系，修整高光、阴影位置，让面部更加饱满、生动（图6-8）。

图 6 - 8

6.1.2 面部重塑

"面部重塑"相当于微整形，通过微调"脸型""眉毛""眼睛""鼻子"等，改变脸的形状、改变眉毛的颜色、改变眼睛的大小、改变鼻梁高度……从而呈现更精致立体的完美人像。

下面以"3D塑颜"和"脸型"功能为例，为大家展示调整前后的效果。

（1）3D塑颜　"3D塑颜"可以改变不满意的头部姿势。让照片中的人物头像抬头、低头、左转头、右转头，呈现更好的面部角度（图6-9）。

（2）脸型　"脸型"可以调节脸部轮廓，针对"脸宽""额头""太阳穴""颧骨""下庭""下巴""下颌""人中"进行微调，从而调整成更喜欢的脸部形状（图6-10）。

图6-9　　　　　　　　　　图6-10

【技巧2】如何对脸型进行局部微调

在调整"脸型"时，可点击照片右下角"整体调整"按钮，选择"仅左边""仅右边"，做局部微调（图6-11）。

图6-11

下面就以"脸宽""额头""下庭"功能为例，为大家展示调整前后的对比效果。

① 脸宽　通过调整"脸宽"，可以改变脸颊宽度。拖动照片底部圆形滑块，越向左，脸越宽，越向右，脸越窄。宽脸圆润可爱，窄脸立体迷人（图6－12）。

图 6 - 12

② 额头　通过调整"额头"，可以改变发际线到眉毛的距离。拖动照片底部圆形滑块，越向左移动，额头越宽，越向右移动，额头越窄。不同宽度的额头会呈现不同的气质，可根据自己的喜好进行微调（图6－13）。

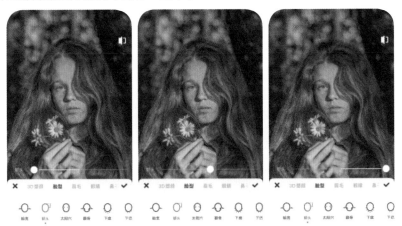

图 6 - 13

③ 下庭　通过调整"下庭"，可改变鼻底到下巴的长度。拖动照片底部圆形滑块，越向左移动，下庭越长，越向右移动，下庭越短。下庭饱满的人看上去更成熟，下庭短小的人看上去更年幼（图6－14）。

图 6 - 14

除了"3D 塑颜"和"脸型",还可以用同样方法通过"眉毛""眼睛""鼻子""嘴唇"功能对面部进行深入修整。注意:调整时要适度,要尽量保留自己原本的特征,修出的照片才会更加自然生动。

【技巧3】五官修图的 4 个方法

方法 1

缩小眉眼距离,会让眼神更加深邃。点击"眉毛",选择"上下",将圆形滑块左移即可(图 6 - 15)。

图 6 - 15

方法 2

加强"眼睑下至",可增大眼眶,让眼睛看上去更大,比直接改变眼睛大小更加自然。点击"眼睛",选择"眼睑下至",向右移动圆形滑块即可(图 6-16)。

图 6 - 16

方法 3

缩小"鼻翼""鼻尖"就能得到一款自然精致的小鼻子,比直接调整鼻子大小更加自然。点击"鼻子",选择"鼻翼""鼻尖",向右拖动圆形滑块即可(图 6 - 17)。

图 6 - 17

方法 4

点击"嘴唇"选择"微笑",向右移动圆形滑块,可以拯救不好的面部表情(图 6 - 18)。

图 6 - 18

6.1.3 瘦脸瘦身

"瘦脸瘦身"功能可以调整面部、身体的胖瘦。点击"自动"按钮，系统会自动识别人脸，进行智能瘦脸，左右移动圆形滑块可以调整瘦脸强度（图 6 – 19）。

图 6 - 19

【提示】系统自动调节幅度较小，效果不是特别明显，但也相对更加自然。

如果对"自动"调节不够满意，可以点击旁边的"手动"按钮，用手指直接向内推脸颊、腰部、腿部即可达到瘦脸瘦身的效果（图 6 – 20）。

图 6 - 20

【提示】使用时,可将"瘦脸范围"调大,以更大的"面"去推,调出的效果更加自然。

6.1.4 美白

"美白"功能可以调整皮肤肤色,点击进入"美白"界面,有 5 种肤色可以选择,分别为"原肤色""冷调色""粉瓷白""暖调白""小麦色",适用于不同色调肤色的人群(图 6 - 21)。

图 6 - 21

"原肤色"仅调节皮肤色调的冷暖，并没有美白效果。其他 4 种肤色均有美白效果。以"冷调色"为例，点击"冷调色"，可以调整当前色调下肤色的冷暖及美白的程度。"程度"滑块数值越大，美白程度越高（图 6 - 22）。

图 6 - 22

6.1.5 修容笔

　　"修容笔"下一共有 3 个功能，分别是"修容""高光""染发"（图 6 - 23）。

　　"修容"与"美白"功能相似，"高光"使用频率较低，所以这里只针对"染发"进行示范。

图 6 - 23

　　"染发"可以调整头发的颜色，满足人们对发色的所有幻想，不仅可用于照片发色的更改，也可用于实际生活中染发前的试色。

点击"染发"，选择发色圆框中想要更改的颜色，直接用手指在头发上涂抹即可。一种颜色可"染"全发，也可局部"挑染"，还可更换颜色，多色拼接（图 6 - 24）。

图 6 - 24

【提示】在同一位置涂抹单次，头发染发的颜色较薄，仍能看见原发色。多次涂抹后染发的颜色较厚，将覆盖原始发色。

6.1.6 增发

"增发"下有 2 个功能，一个是"发际线"，另一个是"刘海"。

"发际线"可以拯救发际线后移的苦恼，智能前置发际线（图 6 - 25）。

图 6 - 25

"刘海"可以智能增加刘海儿，不仅可以在照片中遮盖过宽的额头，还可以作为实际生活中剪发前的参考（图 6 - 26）。

图 6 - 26

使用上述功能美颜后的综合效果对比见图 6 - 27。

图 6 - 27

6.2 基础修图：常用工具及用法

在"人像美容"完成后，可以对照片整体进行基础修图。有两种方法可以进入基础修图界面。

方法 1

在"人像美容"界面直接点击最下方右侧"去美化"，即可进入基础修图界面（图 6 - 28）。

方法 2

打开美图秀秀 App 首页，直接点击"图片美化"，即可进入基础修图界面（图 6 - 29）。

图 6 - 28   图 6 - 29

打开"图片美化"界面，界面下方有 10 多个按钮（图 6 - 30）。在基础修图阶段，我们通常会用到的是"编辑""调色""滤镜""马赛克""消除笔""背景虚化"。

图 6 - 30

"编辑""调色""滤镜"在前文中均有详细讲解，使用方法类似，此处不多做赘述。下面将主要讲解"马赛克""消除笔""背景虚化"的使用方法。

6.2.1 马赛克

"马赛克"通常意义上是指将不想展现的内容遮盖、打码，常用于杂乱背景涂抹、重要信息遮挡等。

美图秀秀的"马赛克"不仅有"经典"的铅笔涂黑、方格马赛克、圆形虚化的形式（图6-31），还有"彩色""图案""文字"等形式，样式丰富美观（图6-32）。

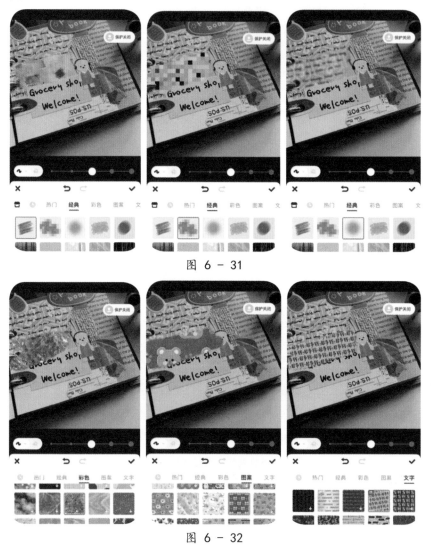

图 6 - 31

图 6 - 32

6.2.2 消除笔

"消除笔"可以消除照片中多余的内容，让画面更完整、干净。如图6-33照片中地面上的白色井盖，点击"消除笔"，用手指从左到右直接涂抹井盖位置，即可消除。

图 6 - 33

6.2.3 背景虚化

"背景虚化"顾名思义将背景虚化，从而更加凸显主体。美图秀秀的背景虚化功能非常强大，有三种虚化模式，分别为"智能""圆形""直线"。

（1）"智能"虚化 App 将自动选择虚化区域进行模糊处理。移动图片下方圆形滑块可调整光斑大小，越向右光斑越大，模糊程度越强，越向左光斑越弱，模糊程度越弱（图 6 – 34）。

图 6 - 34

（2）"圆形"虚化　手指点击屏幕可以看到一个同心圆。小圆圈内的区域不会被虚化。大圆圈外的区域将全部被虚化。小圆与大圆之间是从实到虚的过渡，越靠近大圆虚化程度越强（图6-35）。

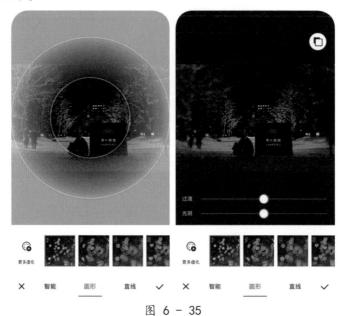

图 6 - 35

手指按住屏幕可以随意拖动圆圈到任意位置，以改变清晰与模糊的位置（图6-36）。

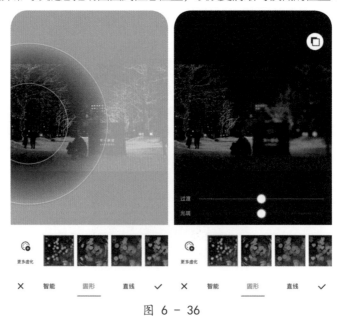

图 6 - 36

点击照片下方"过渡"圆形滑块，并左右移动，可以改变外圈圆形的大小，从而更改过渡的范围。越向右过渡范围越大，越向左过渡范围越小（图6-37）。

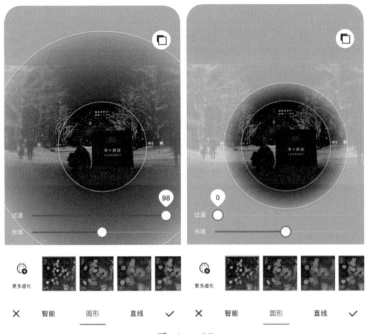

图 6 - 37

【技巧 4】如何改变圆圈的形状

双指同时按住屏幕，可改变圆圈的形状。横向、纵向均可拉伸、缩小。还可以向任意方向旋转（图 6 - 38）。

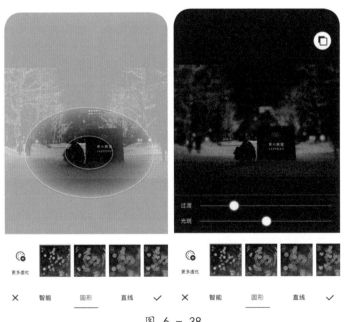

图 6 - 38

（3）"直线"虚化　手指点击屏幕可以看到四条平行线，从上向下数第2、3条线中间的区域不会被虚化。第1、4条线外全部虚化。第1、2条线和第3、4条线之间为虚实过渡（图6-39）。

调整方式同"圆形"虚化。

"直线"虚化适用于带有街景的画面，制作微观场景、移轴效果使用，如图6-40。

图 6 - 39　　　　　　　　　　　　　图 6 - 40

以上3种虚化模式都可以调整光斑的形状（图6-41）。

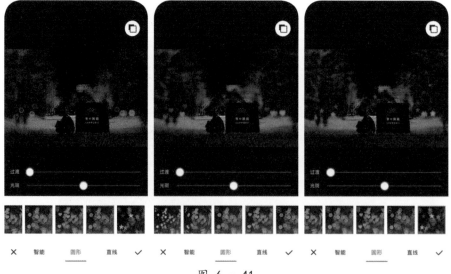

图 6 - 41

6.3 修图配方：同款图层应用 plog

美图秀秀内置大量"美图配方"，即已经配有滤镜、贴纸及文字等内容的修图模板，一键点击即可使用，是做 plog 最高效的方法。下面将给大家演示具体操作方法。

步骤 01：点击首页"图片美化"，选择一张照片。

步骤 02：点击"美图配方"，可以看到十几种配方分类，分别为"精选""我的""收藏""春日""滤镜调色""玩法""可爱风"等（图 6 - 42）。点击"更多"可查看更多"美图配方"（图 6 - 43）。

选择一个适合照片的类型，如甜品照片可以选择"美食"（图 6 - 44）。在配方中选择一款点击"使用配方"。

图 6 - 42　　　　图 6 - 43　　　　图 6 - 44

步骤 03：配方加载好后，点击照片下方"图层"，可以看到该款配方下所有用到的滤镜、贴纸、文字等元素（图 6 - 45）。

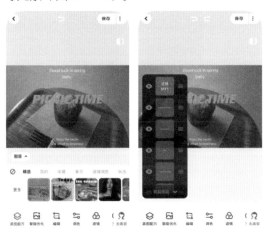

图 6 - 45

点击"滤镜"图层，可以调整该滤镜使用度百分比，也可重新更换滤镜（图 6 – 46）。

点击"PICNIC TIME"图层，进入文本编辑界面（图 6 – 47）。可以看到框住的文本四个角有 4 个按钮：

✖：直接删除该文本。

𝄜：按住此按钮可以放大、缩小、360°旋转该文本。

+1：复制一个相同文本。

•••：翻转文本、上移图层、下移图层。

图 6 – 46

图 6 – 47

再次点击文本框可重新编辑文本内容（图 6 – 48）。

图 6 – 48

除了上述操作还可以对文本样式进行调整，方法有两种。

方法 1

一键换样式。点击"水印"或"气泡"直接选择 App 内已经设计好的样式。这些样式除了特殊字体的应用，还搭配了贴纸、图标、底纹等，样式丰富，有设计感（图 6 - 49）。

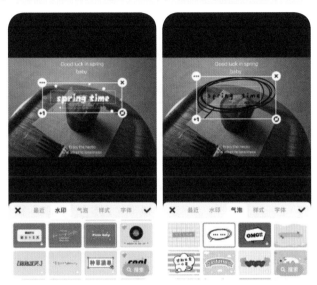

图 6 - 49

方法 2

个性化修改。点击"样式"，对文字基本属性进行更改，包括文本颜色、描边、阴影、背景、对齐。点击"字体"可自由更换文本字体（图 6 - 50）。

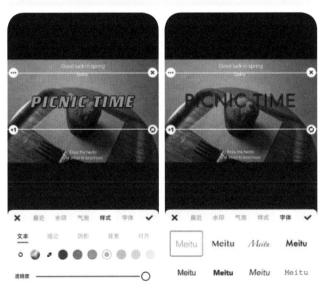

图 6 - 50

效果图展示如图 6 – 51。

图 6 – 51

文本样式及滤镜的选择见图 6 – 52。

图 6 – 52

【技巧 5】如何更改图层顺序和隐藏图层

（1）点击图层左侧"⬛"按钮，即可隐藏当前图层。再次点击此按钮，即可打开该图层（图 6 – 53）。

（2）点住图层右侧"☰"按钮，并上下拖动，即可更改图层上下顺序。

图 6 - 53

更改好样式后，点击右上角"保存"即可。

【技巧 6】如何保存和使用修图配方

保存时点击右侧 ⋮ 按钮，将下方"❀保存时自动存为配方"打开，即可保存此配方（图 6 - 54）。

下次想要使用此配方，只需点击"我"界面，在"我的专属"栏目点击"我的配方"即可使用（图 6 - 55）。

图 6 - 54   图 6 - 55

6.4 抠图工具：手账风自拍照 plog

手账是当下年轻人十分流行的记录方式。在纸页间写下自己的心情小品，再粘贴日常照片或贴纸装饰。

手账风格的 plog 像电子手账一样，也深受大家喜爱。纸的质感、手写字、剪贴画都是手账风 plog 必不可少的元素。

下面就给大家展示如何做一款手账风自拍照 plog（图 6 – 56）。

步骤 01：导入照片。点击首页"图片美化"按钮，选择一张人物自拍照（图 6 – 57）。

图 6 – 56　　　　　　　　　　图 6 – 57

步骤 02：抠图。向左滑动下方按钮，找到"抠图"并点击，进入抠图界面后，App 会默认选择"一键抠图"，自动将照片中的人物与背景分割。在照片上会出现"人物""背景"的小标识（图 6 – 58）。

图 6 – 58

点击人物区域，将出现编辑框，其四个角有四个按钮（图6-59）：

（1）**✕** 删除抠出的人物。

（2）**+1** 复制一个抠出的人物。

（3）**⋯** ①"翻转"，将抠出的人物水平翻转。②"贴纸"，将抠出的人物存为贴纸。

（4）✍ 对抠图区域进行调整。点击进入后人物会被半透明红色遮罩住，红色遮罩的区域即为抠图区域，重新涂抹红色区域可改变选区。

照片下方有4个按钮，分别为"智能选区""画笔""形状""橡皮"（图6-60）。

图 6 - 59　　　　　　　　图 6 - 60

（1）"智能选区"　手指划选照片任意区域，App将自动选择颜色相近的区域为抠图选区。

（2）"画笔"　手动涂抹任意位置为抠图选区，多用于局部细节勾画。

（3）"形状"　选择几何形状为抠图选区，多用于制作贴纸（图6-61）。

图 6 - 61

（4）"橡皮" 擦除不想要的抠图选区。

左右移动按钮上方"尺寸"圆形滑块，即可更改画笔及橡皮的大小。

【技巧7】如何抠图更精致

抠图时，双指将照片放大，勾画选区或擦除时看照片左上方放大的局部图，更加清晰，勾画出的区域也更加准确（图6-62）。

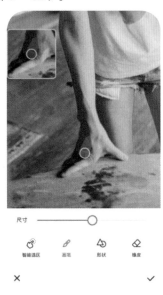

图 6 - 62

这一过程中需要注意的是，按住抠出的人物，任意移动位置，背景中空的部分将自动填充补满，人物与背景将完全分离成两个完整图层（图6-63）。

图 6 - 63

步骤 03：更换背景。扣好图后，可直接选择"一键抠图"内的模板，给照片更换不同场景的背景样式（图 6 - 64）。

图 6 - 64

除了使用"一键抠图"中的模板，还可点击"背景"，进行个性化设置（图 6 - 65）。

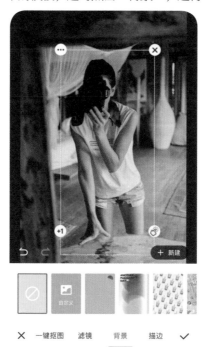

图 6 - 65

设置方法一共有 3 种。

（1）自定义　点击"自定义" ，可以选择自己图片库中的照片作为背景（图 6 - 66）。

（2）纯色　点击█可以设置纯色背景。选择背景颜色的方式有以下3种。

① 点击"色盘"选择颜色（图6-67）。点击"色盘"可以更改背景色的色相、纯度等。点击"增加"，可以存储选定的颜色。

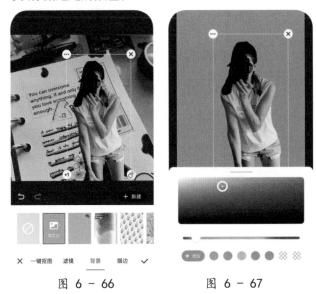

图 6 - 66　　　　　　　　　图 6 - 67

② 用"吸管"吸取照片中的颜色（图6-68）。点击"吸管"工具，吸取照片上某点的颜色作为背景。这样选择的背景颜色与抠出人物的搭配更加和谐自然。

③ 直接选择圆形色块中的颜色（图6-69）。点击圆形色块即可更改背景颜色。

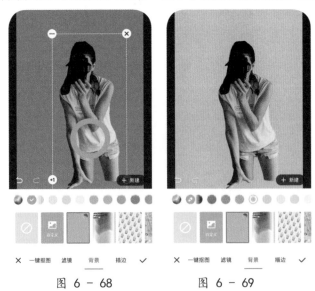

图 6 - 68　　　　　　　　　图 6 - 69

（3）点击图案背景，即可更换。想做一款手账风格的plog，可以选择包含手写字元素的纸质背景（图6-70）。

步骤 04：点击"描边"，为抠出的人物增加轮廓线。描边后的人物更为凸显，更有剪贴画的质感（图 6－71）。

描边一共有 6 种样式，可以自由选择。选定一款样式后，可更改描边颜色及粗细。颜色调整方法同纯色背景的颜色选择。

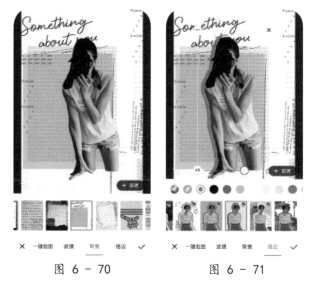

图 6－70　　　　　　图 6－71

添加好描边后，一款手账风自拍照 plog 就做好了（图 6－72）。

图 6－72

6.5　贴纸工具：透明风格 plog

制作 plog 最常使用的元素就是贴纸，各种贴纸拼贴组合就能将平平无奇的照片打造得趣味十足。下面我们将演示现在非常流行的透明风格 plog 的制作方法（图 6－73）。

图 6 - 73

步骤01：导入照片。点击首页"图片美化"按钮，选择一张照片（图6 - 74）。

图 6 - 74   图 6 - 75

步骤02：选择贴纸（图6 - 75）。点击"贴纸"，进入贴纸界面（图6 - 76）。

图 6 - 76

在"贴纸"下方二级栏有很多小图标。

（1）贴纸库　点击进入贴纸库（图6－77），选择一款喜欢的贴纸，点击"下载"，即可添加到贴纸栏中（图6－78）。

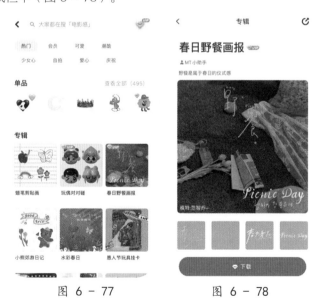

图 6 - 77　　　　　　　图 6 - 78

（2）搜索　点击进入搜索页面（图6－79），在搜索栏输入想要使用贴纸的关键字即可。例如我们想制作一款透明质感的plog，可以直接在搜索栏输入"透明"，就会看到具有透明属性的贴纸专辑。点击"下载"即可添加到贴纸栏中。

这里我们就直接选择第一个"酸性荧光"贴纸作为示例，进行下载使用。

（3）●最近使用　近期使用过的贴纸会出现在这里，方便再次制作 plog 使用。

（4）★热门贴纸单品　近期热度最高的贴纸。点击"自定义"按钮，还可添加自己照片库中的照片作为贴纸使用（图 6 – 80）。

图 6 – 79　　　　　　　　　　图 6 – 80

（5）贴纸专辑　"热门贴纸单品"后面就都是"贴纸专辑"（图 6 – 81）了，每个专辑点开都是一套同类型的贴纸，可以组合使用。

图 6 – 81

步骤03：放置贴纸。找到已下载好的"酸性荧光"贴纸专辑，进行拼贴（图6－82）。

先放置覆盖面大的贴纸，将"泡泡纸"放在照片下部，覆盖画面下方1/2处（图6－83）。

图 6 － 82　　　　　　　　　　图 6 － 83

将英文贴纸放置在照片左上部（图6－84）。

图 6 － 84

将其他标签类贴纸放置在右下部即可（图6－85）。

图 6 - 85

【提示】贴纸拼贴时可将多个大小不一的贴纸重叠放置，更有前后层次感。

这样一款透明风格 plog 就做好了（图 6 – 86）。

图 6 - 86

6.6 魔法照片：动态路径 plog

　　一张普通的照片也能"动"起来，美图秀秀"魔法照片"功能就能做到。不仅可以将人物从背景中抽离，实现裸眼 3D 效果，还能实现动态的效果，让画面更加生动有趣。

下面将分别针对"人像"和"风景"两类照片的魔法制作过程进行讲解。

6.6.1 人像类照片

步骤01：导入照片。点击首页"图片美化"按钮，选择一张人像清晰的照片（图6－87）。

扫码看视频课（6）

图 6 － 87

步骤02：制作"魔法照片"。点击"魔法照片"，人像照片将自动打开"智能"选项（图6－88）。

图 6 － 88

【提示】选取的照片中人像需占照片较大面积，大面积背影、人物剪影或人像不清晰的照片则不能使用该功能。

在此界面会看到大量的动态特效模板，有裸眼 3D、手绘涂鸦感、梦幻变身等模板，点击即可切换（图 6 - 89）。

图 6 - 89

有些特效自带背景音乐，点击 按钮，即可重新选择或去掉音乐（图 6 - 90）。打开"选择音乐"界面，点击歌曲名称即可试听音乐，点击 即可使用该音乐，点击 即可关闭音乐。

图 6 - 90

步骤 03：保存。点击"☑"即可保存，默认存储格式为视频，也可点击下方"保存为 GIF"，将动态特效照片存储为动图格式（图 6 – 91）。效果图如图 6 – 92。

图 6 – 91　　　　　　　图 6 – 92

6.6.2 风景类照片

步骤 01：导入照片。点击首页"图片美化"按钮，选择一张风景照片。最好是有大面积大海、河流、天空等可流动场景的照片（图 6 – 93）。

图 6 – 93

扫码看视频课（7）

步骤 02：制作"魔法照片"。点击"魔法照片"，风景照将自动打开"涂抹"选项。

此选项下有 4 个按钮，分别是"动画路径""保护笔""速度""擦除"，下面我们将一一讲解使用方法。

（1）"动画路径" 点击"动画路径"，可在照片上画出照片动态的位置、形态及方向。

在大海的位置用手指从左到右画一条曲线，在天空中云的位置从下到上画一条曲线。曲线的起点是照片移动的起始位置，终点是照片移动的方向，中间的线段是移动的路径（图 6 - 94）。

图 6 - 94

（2）保护笔 点击"保护笔"，可以让照片中不想移动的人、物保持静止。点击照片下方"人像保护"按钮，可自动识别人像位置，去除此位置的动态效果。如果识别不出，可直接在照片中用手指圈出不想移动的人或物，即可停止该部分的移动（图 6 - 95）。

（3）"速度" 点击"速度"，可以调节画面移动速度的快慢。按住照片下方圆形滑块，左右移动即可调节，越往左速度越慢，越往右速度越快（图 6 - 96）。

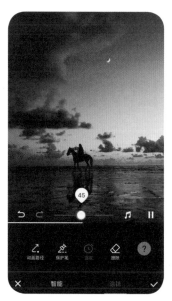

图 6 - 95　　　　　　　　　　　图 6 - 96

（4）"擦除"　点击"擦除"，可擦除掉照片中不想要的动画路径。直接将光标移动到想擦除的路径，用手涂抹即可（图 6 - 97）。

图 6 - 97

【提示】擦除最小单位为一条路径，不能局部擦除。在使用时如有疑问，还可点击 [?] 按钮，查看 App 自带教程。

步骤 03：保存。按照"人像类照片"相同的方法进行保存。这样一款特别的动态特效魔法照片就制作好了。

6.7 拼图功能：拼图 plog

拼图是制作 plog 常用到的一个功能，可以将多张照片拼接、组合成一张，在分享图片数量有限的平台，拼图 plog 非常常见。

那么如何用美图秀秀制作一款拼图 plog 呢？有"模板拼图""海报拼图""自由拼图""拼接拼图"四种方法，下面我们一一讲解。

6.7.1 模板拼图

模板拼图仅对照片进行矩形拼合，无特殊形状、文字贴纸等，是中规中矩的一种拼图形式。

步骤 01：导入照片。点击首页"拼图"按钮，可以选择 1~9 张图片，我们以 3 张图片为例，选好后，点击"开始拼图"，即可进入拼图排版界面（图 6 - 98）。

【提示】模板拼图更适合画面简洁干净的照片，拼合出的效果不会凌乱。

图 6 - 98

步骤 02：点击"模板"。点击"模板"，可对图片进行基础拼图（图 6 - 99）。点击照片下方"比例栏"，可选择拼合后的照片比例，横图、竖图均可选择。

我们以比例 1:1 为例，点击回后，可在"布局栏"选择照片的排布形式。制作电影剧照感 plog 可以选择三张图纵向排列的形式。

步骤03：增加边框。选好排布形式后，滑动布局栏到最左侧，点击"无边框"按钮（图6－100），即可为照片增加分割线及外边框。边框可以起到很好的划分作用，一般可用于画面较为凌乱的照片。

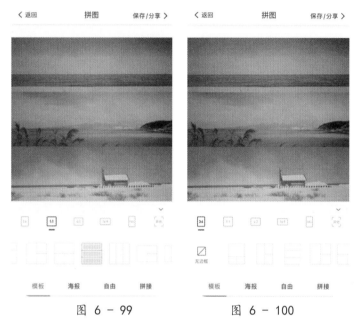

图 6 - 99　　　　　　　图 6 - 100

边框一共有3档，"小边框"（图6－101）、"中边框"（图6－102）、"大边框"（图6－103）。重复点击此按钮即可切换。

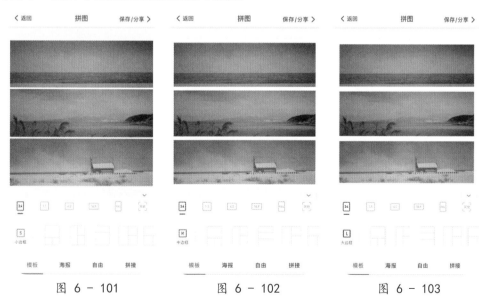

图 6 - 101　　　　　图 6 - 102　　　　　图 6 - 103

【技巧8】如何编辑照片

（1）长按一张照片并拖动到其他照片上，即可更换照片位置（图6－104）。

图 6 － 104

（2）点击一张照片可以对此照片进行以下5种操作（图6－105）。

①⊙：点击此按钮，可以更换一张照片。

②↻：90°顺时针旋转照片。

③◁▷：水平镜像。

④↕：垂直镜像。

⑤：使用滤镜，点击即可更换不同滤镜。

除此之外，按住红色边框加粗区域，可上下拉动，改变该区域显示的大小（图6－106）。

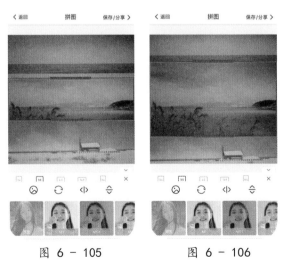

图 6 － 105   图 6 － 106

步骤04：加字点缀。将照片全部调整好后点击右上角"保存 / 分享"即可。在保存界面点击"继续修图"下的"图片美化"，可进入照片编辑界面（图6 – 107）。

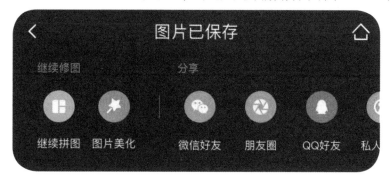

图 6 – 107

点击"文字"增加一些文字内容（图6 – 108），让照片更有故事感，制作效果如图6 – 109。

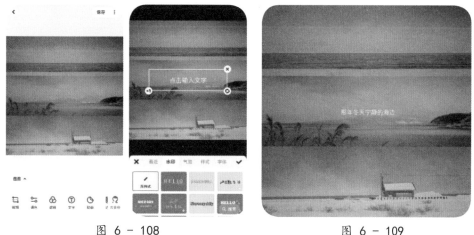

图 6 – 108   图 6 – 109

6.7.2 海报拼图

美图秀秀内置大量海报风格拼图样式，只需将照片置入，就可以简单制作出一款好看且有设计感的海报拼图plog了。

步骤01：导入照片。点击首页"拼图"按钮，可以选择1 ~9张图片，我们以3张图片为例，选好后，点击"开始拼图"，即可进入拼图排版界面（图6 – 110）。

步骤02：点击"海报"可看到大量海报样式（图6 – 111），点击任意样式，即可将照片嵌套其中。双指推拉可改变照片大小及方向。

图 6 - 110   图 6 - 111

使用海报样式制作出的照片拼图效果见图 6 - 112。

图 6 - 112

如果不满意 App 推荐的海报样式，还可点击"更多素材"按钮，在素材库寻找喜爱的海报样式（图 6 - 113）。

除了普通的图片海报样式，美图秀秀还有视频海报样式，点击带有 🎬 的样式，即可制作视频海报（图 6 - 114）。

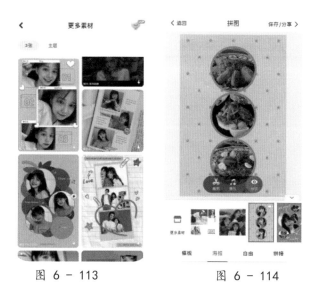

图 6 - 113

图 6 - 114

6.7.3 自由拼图

自由拼图可以随意摆放照片的位置，调整每张照片的大小、方向等，背景也可根据自己的喜好选择，是极具个性化的拼图形式。

步骤 01：导入照片。点击首页"拼图"按钮，可以选择 1~9 张图片，我们以 3 张图片为例，选好后，点击"开始拼图"，即可进入拼图排版界面（图 6–115）。

图 6 - 115

步骤 02：点击"自由"，选择背景。点击"自由"可看到 App 内置的大量背景图片，点击任意图片即可更换背景（图 6–116）。点击"更多素材"可查看素材库中的背景。点击"自定义"可置入自己图库中的照片作为背景。

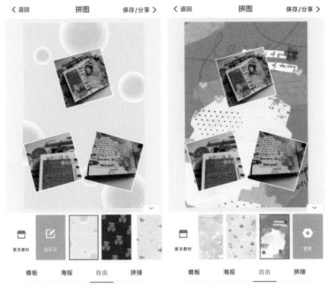

图 6 - 116

步骤03：调整照片大小及位置。选定背景后，调整照片在背景上的大小及位置。双指推拉即可调整大小，双指转动照片即可调整照片方向（图6 – 117）。点击一张照片，可对该照片进行编辑，编辑方法同6.7.1（图6 – 118）。

【技巧9】如何制作出更有层次感的排版

自由排版照片时，让照片有大有小，互相之间有遮挡、重叠，画面会更有层次感。

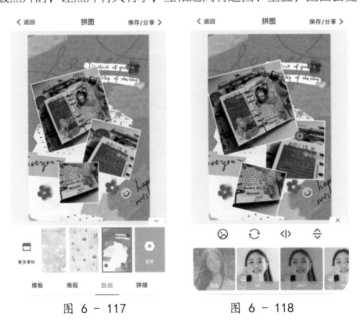

图 6 - 117   图 6 - 118

排版后的图片效果见图 6 - 119。

图 6 - 119

6.7.4 拼接拼图

"拼接拼图"不修改原照片的比例尺寸，直接纵向拼接，最终将拼合成一张长图。此形式多用于人像写真、旅行摄影、电影截图等类型的照片。

步骤01：导入照片。点击首页"拼图"按钮，可以选择 1 ~9 张图片，我们以 7 张图片为例，选好后，点击"开始拼图"，即可进入拼图排版界面（图 6 - 120）。

步骤02：点击"拼接"。点击"拼接"，图片将自动从上到下连接，长按照片并向上、向下拖动即可调换照片顺序（图 6 - 121）。

图 6 - 120   图 6 - 121

点击拼接样式，即可将图片嵌套其中（图 6 - 122）。点击"更多素材"可查看素材库中的拼接样式。

图 6 - 122

制作好后，点击右上角"保存／分享"即可。只拼接不套用任何样式的效果如图 6 - 123，拼接并套用样式的效果如图 6 - 124。

图 6 - 123　　　图 6 - 124

制作拼图 plog 就是以上 4 种方法，可以应用在不同类型的照片中，赶快试试吧。

第二篇：美图 plog 修图高手进阶

第 7 章　醒图编辑 plog

"醒图"是各大平台博主最钟爱的修图 App 之一。醒图的滤镜效果非常高级，模板和贴纸新颖、大方、不俗套，常常打造出一种高端杂志风格。再普通的照片加上醒图的滤镜，也能瞬间变高端，就像它的广告语说的一样"修出高级美"（图 7－1）。

除此之外，醒图导山照片还可选择"高清画质"，使照片加滤镜后也不损失画面质量，是相当优质的修图 App（图 7－2）。本章以醒图 3.6.0 版本为例进行讲解。

图 7－1　　　　　　　　　　　　　图 7－2

7.1　导入图片：丰富画面层次感

醒图 App 的首页非常简洁（图 7－3），最下方只有 3 个选项分别是"修图""模板""我的"。

在"模板"界面下，有大量可一键套用的修图样式模板（图 7－4），使用方法在章节 7.7 会具体讲解。

图 7－3　　　　　　　　　　　图 7－4

在"我的"界面下，可以查看自己收藏的模板（图 7－5）。

在"修图"界面下，有轮播横幅广告及 3 个功能按钮"导入""拼图""草稿箱"（图 7－6）。

图 7 - 5   图 7 - 6

7.1.1 "拼图"

"拼图"可将多张照片拼合为一张。此功能的使用可参考章节6.7。

7.1.2 "草稿箱"

"草稿箱"可及时保存修图草稿（图 7 - 7）。

点击"草稿箱"将"自动保存草稿"按钮打开，App 将自动保存修图草稿。在使用中途离开 App，再次打开可以继续完成修图。

图 7 - 7

7.1.3 "导入"

点击"导入"，自动打开图片库的"最近项目"（图 7 - 8），点选一张照片即可进入编辑界面。也可通过最上方其他文件夹目录更便捷、精准地选择照片。"添加画布"功能将在7.3讲解。

在日常生活中，我们通常拍照比较随意，有时照片背景过于凌乱，但主体又拍得很有感觉，那如何拯救这样的照片，让画面更有层次感呢？只需 4 步就可以做到。

7.1.3.1 导入照片

点击"导入"，选择一张照片，进入编辑界面（图 7 - 9）。

图 7 - 8 图 7 - 9

7.1.3.2 特效

在最下方选项栏中找到"特效"并点击。选择"动感模糊",使照片整体模糊（图7－10）。

再次点击此特效,可进入特效编辑界面（图7－11）。

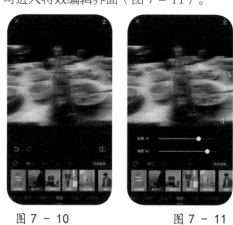

图 7 - 10 图 7 - 11

点击"距离"的圆形滑块,并左右移动,可改变模糊的动向（图7－12）。

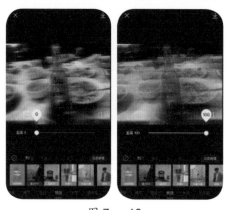

图 7 - 12

点击"强度"的圆形滑块，并左右滑动，可改变模糊的强度（图7－13）。

图 7 － 13

7.1.3.3 再次导入照片

调好背景后，点击下方选项栏中"导入图片"，再次导入同一张照片。这次导入照片后会直接进入抠图界面。我们需要将画面的主体"酒瓶"扣取出来（图7－14）。

点击"智能抠图"，App将智能选择主体并标亮，标亮的选区即为抠出的区域，如图7－15中的"酒瓶"。

图 7 － 14　　　　　　图 7 － 15

点击"快速抠图""画笔""橡皮"工具可对选区边缘进行调整（图7－16）。

调整好选区，可点击"预览"查看效果（图7－17），没有问题后点击右下角✓按钮即可保存抠出的区域，存储为贴纸。

图 7 - 16　　　　　　　　　　　图 7 - 17

7.1.3.4 调整贴纸位置及大小

　　存储抠出的贴纸后，贴纸将直接置于原背景图上方，点击贴纸，双指推拉可改变贴纸大小，将贴纸覆盖在原图该物体的位置，即可打造出背景模糊的动态效果（图7-18）。

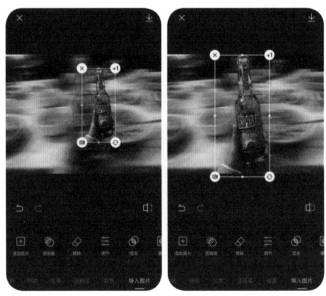

图 7 - 18

　　操作完成后，一张有层次感的照片就修好了（图 7 - 19）。

图 7 - 19

7.2 基础修图：常用工具及用法

在醒图App中常用的基础修图工具有4种，分别为"人像""滤镜""调节""特效"（图7 - 20）。其中"人像"工具的使用可参考章节6.1，使用方法大致相同，在这一章不多做赘述。下面我们将针对"滤镜""特效"及"调节"的部分功能做讲解。

图 7 - 20

7.2.1 "滤镜"

醒图App内置大量滤镜，按不同风格分成12种类别，分别是"质感""复古""风景""油画""千禧""胶片""梦幻""美食""电影""自然""清新""黑白"。

滤镜的使用方法与其他App相同，点击滤镜图标即可应用，移动照片下方圆形滑块，可调节滤镜透明度（图7 - 21）。

醒图 App 的不同之处是，它有"高级编辑"功能，可多滤镜叠加，使用方法如下。

7.2.1.1 导入照片

点击首页"导入"按钮，选择一张照片（图 7 – 22）。

图 7 – 21   图 7 – 22

7.2.1.2 选择滤镜

点击"滤镜"，选择一款适合当前照片的滤镜，如"卡梅尔"。点击照片下方圆形滑块，调整滤镜透明度（图 7 – 23）。

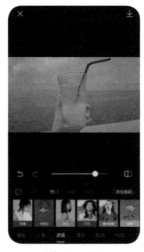

图 7 – 23

7.2.1.3 高级编辑

选好第一滤镜后，点击类别栏最右侧"高级编辑"按钮，进入高级编辑界面。点击"叠加滤镜"，可再选择一款滤镜，如"CT3"，然后点击照片下方圆形滑块调整透明度（图 7 – 24）。

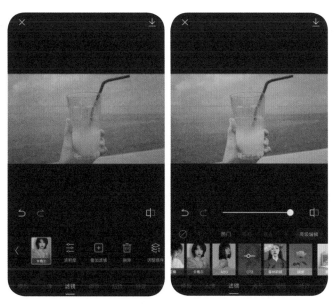

图 7 - 24

此时再次点击"高级编辑",可以看到"CT3""卡梅尔"两款滤镜,选择一款滤镜,点击"删除",即可删除该滤镜(图 7 – 25)。

图 7 - 25

点击"调整顺序",可选择将该滤镜"上移"或"下移",多个滤镜还可直接选择"置顶"或"置底"。改变滤镜上下顺序呈现的画面效果也会不同(图 7 – 26)。

图 7 - 26

调整好后，点击右上角 ↓ 即可保存。图 7-27 为使用滤镜前后的对比。

图 7 - 27

【技巧 1】如何使用滤镜打造不同风格的照片

（1）ins 风：质感—奶昔（图 7-28）、风景—春日序（图 7 - 29）。

图 7 - 28　　　　　　　　　图 7 - 29

(2) 梦幻感：风景—晚樱（图 7 - 30）。

图 7 - 30

(3) 复古风：质感—灰调（图 7 - 31）/法式（图 7 - 32）、风景—小镇（图 7 - 33）。

图 7 - 31　　　　　　　　　图 7 - 32　　　　　　　　　图 7 - 33

(4) 高级质感：复古—卡梅尔（图 7-34）、黑白—黑金（图 7 - 35）。

图 7 - 34　　　　　　　　　　　　　图 7 - 35

(5) 日系风：风景—小镰仓（图 7 - 36）。

(6) 糖果风：风景—黄金海岸（图 7 - 37）。

图 7 - 36　　　　　　　　　　　图 7 - 37

(7) 港片风：千禧—Lofi（图 7 - 38）。

(8) 电影质感：电影—青橙（图 7 - 39）。

图 7 - 38

图 7 - 39

7.2.2 "特效"

醒图的"特效"是非常强大的功能。这个功能可以让普通的照片更有肌理感，质感更强，更具故事性，瞬间变高级（图 7 - 40）。

图 7 - 40

在"特效"功能下共分成 6 个类别，分别为"基础""光""复古""材质""色差""风格化"，每种类别都有不同的质感效果，下面将一一展示。

7.2.2.1 基础

在"基础"类别下，有模糊、锐化、噪点、纹理等效果。这些效果可以让照片更具年代感，制作出像胶片相机拍出的复古风格的照片（图 7 - 41）。

图 7 – 41

7.2.2.2 光

在"光"类别下，有窗影、光斑、棱镜、闪星、日落投影等效果。这些效果可以为照片增加各种光的效果，让照片更加浪漫动人（图 7 – 42）。

图 7 – 42

7.2.2.3 复古

在"复古"类别下，有 DV、漏光、划痕、监控、取景框等效果。这些效果可以让照片更加复古，呈现出 20 世纪五六十年代粗糙老电影的感觉（图 7 – 43）。

图 7 – 43

7.2.2.4 材质

在"材质"类别下，有塑料、折痕、玻璃、PVC等效果。这些效果可以制作出旧海报、实体包装等质感（图7 – 44）。

图 7 – 44

7.2.2.5 色差

在"色差"类别下，有故障、毛刺、负片等效果。这些效果可以使照片具有意料之外的浓郁的故事感（图7 – 45）。

图 7 - 45

7.2.2.6 风格化

在"风格化"类别下，有像素、爱心、公主等特效。这些效果可让画面更有趣味性、更特别（图 7 - 46）。

图 7 - 46

【提示】特效同样也可选择"高级编辑"，进行多种特效叠加，使用方法同 7.2.1

7.2.3 "调节"

醒图"调节"功能的操作与使用方法与其他几款修图 App 大致相同，具体可参考章节 1.5。下面将针对其中几个比较特别的"调节"按钮进行讲解（图 7 - 47）。

图 7 - 47

7.2.3.1 局部调整

此按钮可对照片进行局部调整，操作方法如下。

步骤01：点击"局部调整"，在照片中需要调整的位置增加"点"，针对该点进行"亮度""对比度""饱和度""色温"等基础修图调整（图7 - 48）。

步骤02：点击"效果范围"，可调节该点覆盖的区域（图7 - 49）。

图 7 - 48

图 7 - 49

【提示】一张照片最多可增加 4 个点。调整前后效果见图 7 – 50。

图 7 – 50

7.2.3.2 智能优化

打开"智能优化"按钮，App 将自动对照片的"亮度""对比度""饱和度"等进行调节，调节出的效果很自然，不想自己修图时，可直接使用此按钮（图 7 – 51）。调整后的效果见图 7 – 52。

图 7 – 51

图 7 – 52

7.2.3.3 纹理

纹理功能，可为照片增加凹凸质感，使照片更接近于纸制品（图 7 – 53）。调整后的效果见图 7 – 54。

图 7 - 53   图 7 - 54

【技巧 2】如何保存做完的数据预设

在对"滤镜""特效""调节"调整完之后，再次点击"滤镜"，选择分类栏最左侧的"配方"，点击"创建配方"按钮，即可将当前滤镜 / 调节 / 特效效果存为预设（图7 - 55）。下次想要使用同种效果，直接点击该配方即可。

图 7 - 55

7.3 背景工具："朋友圈"背景 plog

微信是我们最常使用的手机 App 之一，每天翻看微信"朋友圈"已经成为很多人的习惯。在"朋友圈"界面最上方有一张背景图，除了自己可以看到外，每个点进我们"朋友圈"的朋友也可以看到。

背景图除了放置一些好看的照片，我们还可以花点小心思，制作一张能与朋友互动的 plog，让朋友圈"自动"打招呼，更有互动感（图 7 - 56）。

今天

图 7 - 56

扫码看视频课（8）

　　下面我们就来具体讲讲如何去做这样一款朋友圈背景 plog。

7.3.1 添加画布

　　步骤 01：点击首页"导入"按钮，打开照片库后点击最上方左侧"添加画布"。在下方选择比例 1:1，挑选一种喜欢的颜色即可（图 7 - 57）。

　　步骤 02：打开"背景"界面后，可点击色环，重新选择颜色（图 7 - 58）。

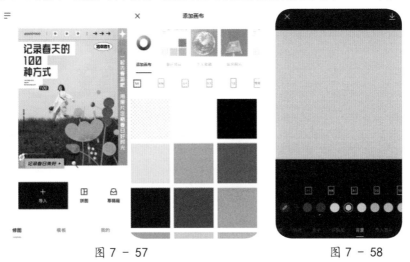

图 7 - 57　　　　　　　　　　　　　　图 7 - 58

7.3.2 添加文字

　　步骤 01：点击界面底部"文字"按钮，画布中央出现文本输入框，双击即可修改文字内容。为给朋友圈背景增加互动性，可以输入"让我看看谁在看我朋友圈"之类的文案（图 7 - 59）。

图 7 - 59

步骤 02：输入好文字后，可重新选择字体、字色，增加描边、阴影等样式（图 7 - 60）。

图 7 - 60

步骤 03：也可直接点击界面最下方"花字"，选择 App 设置好的文字样式（图 7 - 61）。选好后点击☑即可保存。

图 7 - 61

7.3.3 添加贴纸

保存好字体样式后，点击界面底部"贴纸"按钮，选择一款贴纸专辑，如"奶油小可爱"，在文字周围放置贴纸，增加画面趣味性（图 7 - 62）。

图 7 - 62

【技巧 3】如何使用"消除笔"编辑贴纸

如果有贴纸覆盖了文字内容，可以先选择此贴纸，点击该贴纸右上角"编辑"，进入贴纸编辑界面，点击"消除笔"，直接擦除盖住文字部分的贴纸即可（图 7 - 63）。

图 7 - 63

7.3.4 添加光效

点击界面底部"特效"按钮，选择"光"中的"夕阳斜射"，画面将添加一个从左至右的光束，打造出一种夕阳透过窗打在墙上的氛围（图7-64）。

图 7 - 64

7.3.5 添加滤镜

点击界面底部"滤镜"按钮，选择"ABG"滤镜，让画面更加浓郁，氛围感更强（图7-65）。

图 7 – 65

7.3.6 添加纹理

点击界面底部"调节"按钮，选择"纹理"，向右移动照片下方圆形滑块，加强纹理效果，打造一种墙壁的质感（图 7 – 66）。

这样一款有互动性的朋友圈背景图 plog 就制作完成了（图 7 – 67）。

图 7 – 66

图 7 – 67

【提示】在制作 plog 过程中，如果想更改背景颜色，只要点击界面底部"背景"按钮，重新选择颜色即可（图 7 – 68）。

图 7 - 68

7.4 抠图工具：童趣大头贴 plog

大头贴是非常流行的一种摄影方式，大多是在专门的机器上自拍的，即拍即印。在 20 世纪 90 年代曾风靡全国。大头贴除了可以拍摄头像、全身像，还有很多特效，可以自己将各种小元素点缀在照片上，让照片更有趣，更具个性化。

不过大头贴机器并不是任何地方都有，随时能拍的。所以除了在机器上拍摄大头贴，我们还可以用醒图 App，自己制作童趣大头贴，方法非常简单，只需以下 4 步就能完成。

7.4.1 导入照片

点击首页"导入"按钮，选择一张人像照片（图 7 - 69）。

扫码看视频课（9）

图 7 - 69

7.4.2 抠图

步骤01：再次导入同一张照片并抠出头部。点击界面底部最右侧"导入图片"按钮，再次选择同一张照片。导入后将直接进入"抠图"界面（图7-70）。

图 7 - 70

步骤02：点击"快速抠图"，用手指涂抹头部区域。点击"画笔""橡皮"工具可对选区边缘进行细节化调整（图7-71），点击"预览"查看抠图效果（图7-72）。

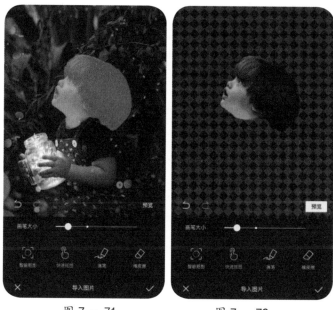

图 7 - 71   图 7 - 72

步骤03：调整好后，点击右下角"☑"即可保存头部为贴纸，该贴纸已保存在"贴纸"—"我的贴纸"内（图7－73）。

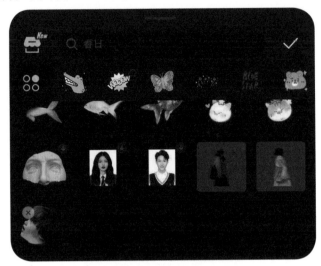

图 7 － 73

7.4.3 调整贴纸位置及大小

存储后，头部贴纸将直接置于原图上，点此贴纸，双指放大头部，并覆盖在原图头部位置，这样大头贴的效果就制作出来了（图7－74）。

图 7 － 74

7.4.4 添加贴纸点缀

步骤 01：点击界面底部"贴纸"按钮，选择一款贴纸专辑，也可在搜索栏直接输入关键词进行主题搜索，如"梦幻"（图 7 - 75）。

图 7 - 75

步骤 02：点击贴纸，并放置在人物周边，丰富画面的趣味性，做好后，点击右上角即可保存（图 7-76）。这样，一款自制大头贴 plog 就制作完成了（图 7 - 77）。

图 7 - 76

图 7 - 77

7.5 图层工具：3D 效果 plog

每到大型节假日，在"朋友圈"常能看到大量的"九宫格"旅行照片、自拍照片，那你发的照片是不是常常淹没其中呢？想在"朋友圈"脱颖而出，可以试试下面这种裸眼 3D 效果，让你的朋友圈与众不同，瞬间出位（图 7 - 78）。

图 7 - 78

7.5.1 制作"九宫格"

打开微信，像往常发"朋友圈"一样，点击"朋友圈"界面右上角⊙按钮，选择 9 张照片，并编辑好文案，不用发布，直接截屏即可（图 7 - 79）。

图 7 - 79

【提示】在9图中选择一张有人物且打算制作裸眼3D主视觉的照片，放在"九宫格"右下角。

7.5.2 导入照片并裁切

步骤01：打开醒图App，点击首页"导入"按钮，选择刚才制作好的"九宫格"照片（图7－80）。

步骤02：进入编辑界面后，点击界面底部"调节"按钮，选择"构图"，直接拉动照片顶边和底边，裁剪掉多余的部分，只留下"九宫格"及文字内容，点击✓保存（图7－81）。

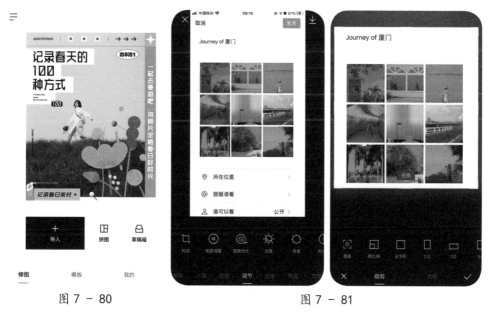

图7－80　　　　　　　　　　　　　　图7－81

7.5.3 导入"九宫格"照片并抠图

步骤01：点击界面底部最右侧"导入图片"按钮，选择"九宫格"右下角的照片导入（图7-82）。

步骤02：进入抠图界面后点击"智能抠图"按钮，App将自动识别出照片中的人物并选择。利用"快速抠图""画笔""橡皮擦"工具对选区边缘进行调整，点击✓保存为贴纸（图7－83）。

图 7 - 82   图 7 - 83

7.5.4 调整贴纸：并擦出分割线

步骤01：双指将抠出的人物贴纸放大，盖住右侧三张照片（图7-84）。

图 7 - 84

【提示】抠出的人物贴纸最好凸出"九宫格"上边线、下边线，这样更有人物跳出"九宫格"的感觉。

步骤02：选择此贴纸，点击"擦除"，选择"擦除笔"，将画笔大小调整至和"九宫格"白色分割线一样粗细，直接擦除贴纸覆盖住的白色分割线位置，误擦掉的部分可以用"恢复笔" 修补（图7-85）。

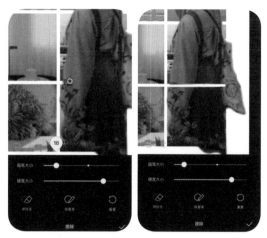

图 7 - 85

【提示】只擦掉人物上方覆盖住的白色分割线即可，其他位置无需擦除。这样可以打造出部分在格子里，部分在格子外的立体感。

步骤 03：擦除完成后，点击☑即可。这样，一款裸眼 3D 效果 plog 就制作完成了，直接将这张图发到朋友圈，一定很博眼球！（图 7 - 86）

图 7 - 86

7.6 涂鸦笔：描边 plog

如何让一款平平无奇的日常照片瞬间变得生动可爱呢？一个零失败的方法，就是使用"涂鸦笔"工具在照片上进行简单绘制，手绘涂鸦质感瞬间给照片增加活力，是拯救"废片"的神奇工具。下面我们就以美食类照片为例，为大家进行讲解具体操作步骤。

7.6.1 导入照片

点击首页"导入"按钮，选择一张美食照片（图 7 - 87）。

图 7 - 87

7.6.2 增加滤镜

点击界面底部"滤镜"按钮，选择照片下方"美食"中的"新鲜"滤镜。照片添加滤镜后整体变亮，食物看上去也更加美味（图7-88）。

图 7 - 88

7.6.3 增加涂鸦

点击界面底部"涂鸦笔"按钮，可以看到两种画笔，分别为"基础画笔"和"素材笔"（图7-89）。

图 7 - 89

7.6.3.1 "基础画笔"

基础画笔内包含6种笔刷,可以绘制6种不同质感的线:圆滑实线、粗糙蜡笔线、虚线、铅笔线、有粗细变化的线、带黑色描边的线,各种线适合使用的情况和使用效果如下。

(1)圆滑实线笔刷:适合局部描画物体边缘(图7-90)。

(2)粗糙蜡笔笔刷:适合在物体上直接涂鸦(图7-91)。

图 7 - 90

图 7 - 91

(3)虚线笔刷:适合整体描画物体边缘(图7-92)。

(4)铅笔笔刷:适合调低透明度,大面积涂抹背景(图7-93)。

图 7 - 92   图 7 - 93

（5）粗细变化笔刷：适合手写文字（图 7 - 94）。

（6）黑色描边笔刷：适合稚趣文字风（图 7 - 95）。

  每款笔刷都可以点击照片下方圆形滑块更改笔刷的大小及透明度，点击 按钮，即可切换"大小"与"透明度"选项。

图 7 - 94   图 7 - 95

  点击滑块下方色块区域，可以更改画笔颜色。也可点击 按钮，吸取照片中的颜色（图 7 - 96）。

图 7 - 96

画错了的部分，可以使用"橡皮擦"工具擦除，同样移动圆形滑块可以调节橡皮擦的大小。

【提示】用"基础画笔"写完文字后，用"橡皮擦"擦掉盖住物体的文字部分，可打造出有层次感的画面（图 7-97）。

图 7 - 97

7.6.3.2 "素材笔"

素材笔有很多图案笔刷，分成 3 种类型，分别为"可爱""简约""复古"。点击每款图案即可切换笔刷，点击照片下方圆形滑块同样可以调整画笔大小及透明度（图 7 - 98）。

图 7 - 98

【技巧 3 】如何正确使用"素材笔"

方法 1

使用"素材笔"时，手指在照片上滑动画线，可绘制带有图案的线段。

单次点击屏幕，可直接粘贴该"素材笔"下的单个图案以点缀画面（图 7 - 99）。

方法 2

想要绘制长直线时，可适当缩小画布，这样更容易画直。

这样一款充满涂鸦风格的 plog 就制作完成了，是不是让照片瞬间生动可爱了很多呢（图 7 - 100）。

图 7 - 99   图 7 - 100

7.7 模板特效：热门 plog 一键套用

醒图 App 最大的特色之一就是它的模板风格独特、配色高级，普通的照片套上模板也能焕然一新。使用模板也是最简单快捷的修图方法，可以一键套用。

7.7.1 导入照片

点击首页"导入"按钮，选择一张照片（图7－101）。

图7－101

7.7.2 选择模板

步骤01：导入照片后，将自动打开模板界面。醒图App对模板进行了分类，有"美食""合照""趣味""情侣""杂志"等10多种类型（图7－102）。

步骤02：点击分类下方"更多"按钮，可打开模板库。在模板库可根据顶部分类筛选模板（图7－103）。

图7－102　　　　　图7－103

步骤03：也可通过搜索框直接输入关键词，搜索相关模板。如想要一款海报质感的模板，在搜索框直接输入"海报"即可（图7－104）。

图 7 - 104

步骤 04：找到喜欢的模板后可直接点击模板右下角"使用"按钮，即可将模板加载到照片中。也可点击该模板进入详情页，点击"收藏"按钮，将此模板放入自己的"收藏夹"，以便日后使用（图 7 - 105）。

图 7 - 105

还可点击该模板作者的头像，进入作者个人主页，查看该作者的其他模板。

【提示】模板库还可直接从醒图 App 首页底部"模板"按钮直接进入。选好一款模板后，模板效果将直接显示在照片上（图 7 - 106）。

图 7 - 106

7.7.3 个性化调节

套用模板后，可以进行以下 4 种个性化调节。

7.7.3.1 调整贴纸

点击照片中的贴纸，双指推拉可自由缩放贴纸大小（图 7 – 107）。

↻：点住此按钮可 360°旋转贴纸。

◖◗：点此按钮可水平镜像该贴纸。

×：点此按钮可删除该贴纸。

7.7.3.2 修改文字

双击文字，可以修改文字内容及样式，使用方法可参考 7.3 中内容（图 7 – 108）。

图 7 - 107

图 7 - 108

7.7.3.3 调整照片颜色

点击界面底部"滤镜""调节"按钮，可重新选择滤镜，并对照片进行颜色调节，使用方法可参考7.2（图7-109）。

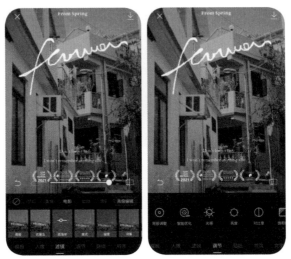

图 7 - 109

7.7.3.4 增加肌理

点击界面底部"特效"按钮，可为照片增加肌理。

因为我们使用了一款"海报招贴"类型的模板，在增加特效时可以选择"材质"中的"折痕"，为照片增加一种真实的纸质感（图7-110）。

整体调整好后，点击右上角↓即可保存（图7-111）。

图 7 - 110

图 7 - 111

完成上述操作后，一款使用了模板的plog就制作完成了，醒图App模板库更新频率很高，每天都有新鲜又好看的模板，可以多多尝试使用。